JN014188

兵器と防衛技術シリーズ III ③

陸上装備技術の最先端

防衛技術ジャーナル編集部　編

はじめに

　当協会では、平成17年（2005年）10月に「兵器と防衛技術シリーズ・全6巻（および別巻1）」を発刊したのに続き、平成28年（2016年）には「新・兵器と防衛技術シリーズ・全4巻」を刊行しました。そして令和5年1月からは新たに「兵器と防衛技術シリーズⅢ」（第1巻「航空装備技術の最先端」）をスタートしております。

　本シリーズは、月刊『防衛技術ジャーナル』誌に連載した防衛技術基礎講座を各分野ごとに分類・整理して単行本化したものです。シリーズⅠは防衛技術全般にわたって体系的・網羅的に解説したものでしたが、シリーズⅡではトピック的な技術情報なども取り入れました。そして今回のシリーズⅢでは、さらにアップグレードした最先端情報も取り入れています。

　今回の「陸上装備技術の最先端」に収録したのは、令和元年8月号〜令和2年11月号で掲載された記事です。今回はそれに加え近年話題となっている技術として、技術総説で取り上げた「将来砲レールガン」（令和5年3月号）と「電気エネルギー方式電磁パルス弾」（同6月号）も収録しました。

　なお、本書の発刊に当たって掲載を快くご同意くださいました下記の執筆者の皆様に厚く御礼申し上げます。

　卜部　玄、岡田昌彦、金子　学、國方貴光、関口和己、中村　明、萩谷浩之、橋本光太郎、摩尼京亮、森田淳子、吉川　毅、山田順一。

（以上50音順、敬称略）

令和6年2月
「防衛技術ジャーナル」編集部

目　　次

第1章

戦闘車両関連の先進技術

1．ネットワーク有人・無人連携車両システム

1.1　将来戦闘車両技術

　民間では各種センサや人工知能を利用した自動運転車の開発が急ピッチで進んでいる。従来、自動車の開発は自動車メーカーが行うことが定番であったが、上記技術が係わるために、IT産業の会社が自ら自動運転車を開発したり、自動車メーカーとIT企業との提携が行われている。軍用車両の分野においても、このような技術トレンドを研究開発に取り込みつつあり、将来の戦闘形態に対処しようと各国でさまざまな試みが行われている。本項では有人車両と無人車両の連携について、主として米陸軍の計画を述べるに当たり、有人車両間の連携システム、無人車両の例について順を追って紹介する。

1.2　有人車両間の連携システム

　有人車両間の情報伝達手段は古くは手信号から始まり、その後は無線通信が取って代わった。最近のシステムでは指揮・統制・通信・コンピュータ・情報（C4I: Command, Control, Communications, Computers and Intelligence）技術を用いた地形図を含んだ画像による敵味方情報が車両間はもとより上位の部隊間で共有が可能となった。わが国では10式戦車がこのようなシステムを採用しており、諸外国では米国のJBC-P[1-1]、英国のBGBMS[1-2]、フランスのSIT[1-3]、ドイツのGeFüsys[1-4]が有人車両間の連携システムとして用いられている。

　例として図1-1にJBC-Pの概要を示す。コンピュータシステム、地上／衛星トランシーバ、オンライン式の暗号装置および付属装置等のハードウェアと既存のソフトウェア（旧タイプのハードウェアにも使用可能なソフトウェアを含む）から構成される。JBC-Pは指揮・統制と状況認識に関する情報に基づき

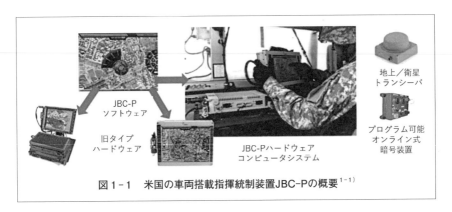

JBC-P
ソフトウェア

旧タイプ
ハードウェア

JBC-Pハードウェア
コンピュータシステム

地上／衛星
トランシーバ

プログラム可能
オンライン式
暗号装置

図1-1　米国の車両搭載指揮統制装置JBC-Pの概要[1-1]

①車両、指揮所にGPSを装着した兵士の追跡情報②地図をベースとした戦場の共通作戦状況図③同士討ち防止の支援を提供する機能を有している。

1.3　無人車両

　無人航空機は空域が活動対象で、障害物も少ないことから、比較的早くから遠隔操作型や自律型のいずれについても実用化されてきた。無人車両の場合は地形の多様性や動植物、人工建築物等、障害が多いこともあり、実用化は無人航空機に比較して遅れている。特に軍用の場合は不整地等を走行するため、目印となるような目標物を特定しづらく、市販の地図データを利用しにくい。さらには、妨害等でGPSが使えない状況を想定する必要がある。

　そのため遠隔操作型、自律型にかかわらず各種センサにより周辺環境を認識して行動できる技術が必要である。その技術にSLAM（Simultaneous Localization and Mapping）があり[1-5],[1-6]、自車の自己位置推定と周辺の地図構築を同時に行うことができる。センサには外界センサと内界センサがあり、外界センサは、無人車両の外部環境にある物体の距離や方向を計測するセンサで、レーザスキャナとカメラ（単眼カメラ、ステレオカメラなど）がある。これに対し、内界センサは無人車両の状態、例えば速度、角速度、進行方向等を測定して自己位置を計測するもので、オドメトリー（例えば車輪の回転数か

ら移動距離を計測する車輪オドメトリー)、ジャイロスコープ、IMU (Inertial Measurement Unit)(ジャイロ、加速度センサ、磁気センサ等が一体となったもの)がある。SLAMでは、これらのセンサを用いてランドマーク(目標となる建造物などの物体)位置と自車位置との関係を記述した関係式の誤差が最小となるよう、連立方程式を解きながら自己位置推定と地図作成を同時に行う。

(1) 遠隔操作型

わが国では、戦闘車両ではないがCBRN対応遠隔操縦作業車両システム[1-7]がある。東日本大震災を契機として、放射線や津波等による大規模災害時において、人では困難な各種作業を安全かつ速やかに実施するための手法について研究を行った。本研究は、質量約30トンの無人式遠隔操縦装軌車両を汚染地域等に遠方から投入し、現場で迅速に展開して同車両に設置したカメラ(可視カメラ、赤外線カメラ、γ線カメラ)やセンサ(レーザスキャナ、γ線計測装置、自己位置標定装置)から自衛隊の初動対処に必要な各種情報を収集するとともに、ガレキ撤去、通路啓開等の施設作業が実現可能な車両システム技術の確立を目的とした。

図1-2にその概要図を示す。同車両の遠隔操作は、安全圏に設置した指揮統制装置に座した隊員が、中継器ユニットや人工衛星を介して同車両から得た上記情報に基づいて行う。遠隔操縦装軌車両と中継器ユニットは障害物回避や経路走行等、一部、自律運動が可能である。

海外ではロシアの多目的無人戦闘車両Uran-9があり[1-8]、シリア内戦でテストされたと伝えられている[1-9]。2016年9月にロシアで開催された国際軍事技術フォーラムで公開された。

図1-3にUran-9を示す。本車両は遠隔による偵察と火力支援を行うことにより対戦闘、対テロ支援を目的として設計された装軌式の無人戦闘車両で、質量が約10トン、武装は7.62mm同軸機関銃を備えた30mmカノン砲に四つの9M120-1Ataka対戦車誘導弾を装備している。

本車両システムは遠隔操作で運用し、レーザ警報システム、電子光学カメラ、

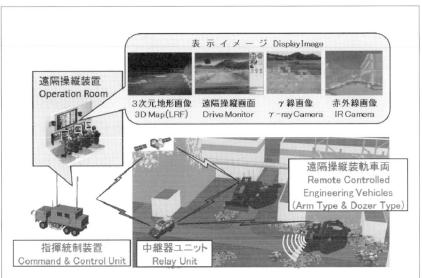

図1-2　CBRN対応遠隔操縦作業車両システム[1-7)]

図1-3　ロシアの多目的無人戦闘車両　Uran-9[1-8)]

赤外線カメラ等の広域遠隔操作に必要なセンサモジュールを装備している。火器統制装置は弾道計算機とともに自動目標検知・識別・追尾装置からなる。本車両は自動またはマニュアルモードで操作できる。自動モードの場合、車両はあらかじめオペレータによってセットされたプログラムに基づき、敵目標を検知・識別・追尾できる。更に障害物回避のための迂回経路をとることができる。マニュアルモードでは1人のオペレータによって3km離れた安全圏から移動指揮所および装輪6×6型戦術トラックに装着されたコントロールステーションから手動で遠隔操作される。またポータブルコントロールパネルからも操作できる。

(2) 自律型

　各国とも研究段階であるが自律型を模索している。わが国では多目的自律走行ロボット[1-10]がある。雨、霧等の悪天候環境下や車両等の移動障害物の存在する動的環境下でも自律走行ができることを技術課題としている。**図1-4**にその概要を示す。このロボットは民間の自動運転車に用いられるセンサ類を組み合わせて搭載し、自律走行ソフトウェアにより周辺環境を認識して走行範囲を抽出し、経路計画を行って車体を制御する装輪および装軌式の車両ロボットである。本車両は①自動運転用の地図を前提とせず、センサ情報を統合して、路面の状況・形状を認識して地図を生成し、走行経路を計画する路面認識機能②路面と移動障害物（車や歩行者）を分離するレイヤー構造の地図アーキテク

図1-4　多目的自律走行ロボットの概要[1-10]

図1-5　先導－追随車両技術による米陸軍の輸送車両走行試験[1-12]

チャの採用③将来の偵察・警戒等の任務を模擬した自律走行を特徴としている。

　海外では米陸軍のロボット・自律システム（RAS: Robotic and Autonomous Systems、以下「RAS」と記す）戦略[1-11]で、完全自律輸送による後方支援の改善が計画されている。完全自律輸送は先導－追随（Leader-Follower）プログラムにより先導車を無人化することである。図1-5に先導－追随車両技術による過去に実施された米陸軍の輸送車両試験の様子を示す[1-12]。ただしこの場合、完全自律ではない。米陸軍は戦術装輪車両の先導－追随車両技術により3両の無人輸送車と1両の有人輸送車の組合せに対応できるよう適合したセンサと車両のアップグレードを計画している[1-13],[1-14]。RAS戦略において、戦闘車両の完全自律化は2031年以降に持ち越されるとしている。

1.4　有人車両／無人車両間の連携

　わが国では無人車両が装備化されておらず、有人車両／無人車両間の連携について具体的な連携の方法、運用方針や計画も有していない。研究的なものについてはこれから行う段階であり、模索状態である。各国とも基本的に同様の状況であるが、米国はやや具体的な有人車両／無人車両間連携に関する計画を有しており、以下にその概要、連携に必要な技術、連携の例について紹介する。

⑴ RAS戦略

　米陸軍のRAS戦略[1-11]は車両と航空機のRASを含めた無人システムを実現する上で人間と機械がいかに連携・融合すべきかをまとめたもので、以下の五つを目標としている。

- ・状況認識力の向上
- ・兵士の肉体的認知的負荷の軽減
- ・増大する補給物品の分配、処理、効率化に伴う部隊力の維持
- ・移動性と機動性の向上
- ・乗員生存性の向上

　上記目標は以下の初期、中期、長期の三つの期間でそれぞれに示した優先項目を実施することで達成する計画である。

㋐　初期（2017〜2020年）

- ・降車部隊の状況認識力の向上
- ・降車部隊の肉体的負荷の軽減
- ・地上補給の自動化による部隊維持能力の改善
- ・経路啓開の改善による高機動性の実現
- ・爆発物処理のRAS改善による部隊防護

㋑　中期（2021〜2030年）

- ・先進小型RASと群集団による状況認識力の向上
- ・外骨格アシスト機構による兵士の負担軽減
- ・完全自律輸送による後方支援の改善
- ・無人戦闘車両と先進輸送車両による機動性改善

㋒　長期（2031〜2040年）

- ・群集団システムの持続的偵察による状況認識力の向上
- ・自律航空輸送による部隊維持能力の改善
- ・無人戦闘車両の改善による機動性向上

(2) 有人車両／無人車両の連携に必要な技術

　RAS戦略では五つの目標に対して、迅速にかつ費用対効果を考慮して実現するためには①自律（Autonomy）②人工知能（AI: Artificial Intelligence）③共通制御（Common Control）に関する三つの技術の発展が必須であるとしている。ここではそれらの技術に加えて有人車両／無人車両の連携に有用と考えられるドローンなどの制御でよく使われている群制御について紹介する。

㋐　自律（Autonomy）

　自律はあるシステムが一定の環境下で与えられた任務を自ら実行できる程度のことをいう。より高度な自律はRASがより難関で危険な任務をより長時間、より広範な作戦を離れた場所から行うことを可能にし、兵士が本来の任務に集中することができる。

　自律を発展させるプロセスは段階的な方法をとる。制約されたシステムから始め、無線による遠隔操作、半自律機能、完全自律システムへとつなげる。2016年にはほとんどの無人車両システムと無人航空機システムは遠隔操作と半自律の間で運用されていた。技術的制約により、ある自律技術は進み、他のそれは遅れていたので米陸軍は自律が成熟するまでに特定の複雑な重要任務に対しては人間の操作員をシステムの一部として考慮しなければならなかった。米陸軍はすべての自律システムについて人が介在するよう要求している。

㋑　人工知能（AI: Artificial Intelligence）

　AIは知覚、会話、意思決定のような人間の知性が普通に求められる仕事を行うことのできるコンピュータシステムの能力である。AIの発展は長い間、機械が行うことは不可能であると見なされてきた多くの仕事を機械が行うことを可能にした。AIはコンピュータの推理と学習の面でRASの開発において重要な役割を果たす。不整地での機動、簡略化した人間の意思決定の多量データの解析と管理といった多くの任務を個別に行えるようにAIがRASの機能を改善する。

　さらにAIは任務パラメータ、交戦規定、詳細な地形分析といった作戦因子を分析・説明できるようになる。人間－機械の連携が成熟すれば、AIは次に

示す五つの分野においてより速やかにかつ改善された意思決定を行うことができるようになる：①脅威の兆候と警報の識別②先進的な会話術と対宣伝対抗③作戦／軍事レベルにおける支援と意思決定④有人車両／無人車両混成部隊の統制⑤速度、情報量、同調性の機能が人間の意思決定を凌駕する特別任務の実施

(ウ) 共通制御 (Common Control)

共通制御は一つの共通ソフトウェアが一連の地上システムや航空システムを制御する機能であり、多用途かつ多種多様なRASの管理・運用を行う上できわめて重要である。共通制御は一人の兵士が一つのコントローラで複数のロボットを制御でき、システムを操作する兵士の肉体的、認知的負担を軽減することができる。共通制御はまた作戦の制約（データ共有／データ暗号化／データ範囲／プラットフォームとペイロードのデータ移送制御）に対処でき、ディスプレイユニット、バッテリー、無線機の共用化によりコスト削減と維持の簡素化を実現できる。

共通運用基盤（COE: Common Operating Environment）に対する米陸軍の優先度は共通基準および任務指揮とネットワークを簡易にする技術を用いて共通制御を簡素化することである。COEは既存のプログラムと共通ソフトウェア基盤に関する新技術を結びつける基準を提供することにより、開発、統合、訓練、維持を容易にする。RASの情報を最大限活かすために米陸軍は移動指揮所、固定指揮所およびセンサ部品の共用化を進める。

(エ) 群制御 (Group Control) [1-15]~[1-17]

一人の操作員が多数の無人車両を制御する場合、操作員に多大な負担がかかる。そこで操作員からの操作とは無関係に無人車両間で制御を行い他の車両や障害物に衝突せず、目的地に向かえるようにするのが群制御である。これは自然界において魚や鳥の群れでは特定のリーダーからの指示がないにもかかわらず、個体間で衝突しないように行動し、群れ全体で分裂せず秩序を保つ現象で、群行動と呼ばれており、これに倣ったロボットの制御アルゴリズムを群行動アルゴリズムと呼んでいる。稲田ら[1-16] による生物型の群制御モデルでは①遠方の個体同士は群を作るために相互接近する②近傍の個体同士は衝突を避ける

ために遠ざかる③中間の距離の個体同士は同方向に移動するために向きを揃える。これら三つのルールを設定することで自然界の群の運動を再現できるという。これを利用すれば操作員の負担を軽減することが可能になると考えられる。

⑶　有人車両／無人車両の連携例

米陸軍の次世代戦闘車両（NGCV: Next Generation Combat Vehicles）とロボット戦闘車両（RCV: Robotic Combat Vehicles）[1-14]

NGCVは1981年から配備されているM2ブラッドレー歩兵戦闘車に置き換わるものである。米陸軍は2019会計年度の終わりまでに2両の有人NGCVと4両のRCVからなる実験的なNGCV試作型の6セットを開発することを計画している。米陸軍の長期ビジョンは兵士がNGCVの指揮所からRCVを制御してRCVがNGCVの偵察車および護衛車として機能することを考えている。現時点においては、一人の兵士が直接1両のロボット車両を遠隔操作している。米陸軍は一人の兵士が大隊の全ロボットを制御できるようAIを発展させることを望んでいる。

わが国では有人車両／無人車両の連携について現段階で具体的なものがないため、米陸軍の計画の紹介が中心となった。推測の域を出ることはないが、有人車両／無人車両の連携を実現するためには有人車両間の連携システムに用いられている技術に加えて、遠隔型／自律型無人車両の周辺環境認識技術を含めた自律技術、共通制御技術（群制御技術）および近年、発達がめざましい人工知能技術が少なくとも重要な鍵となるのは間違いないと考える。

一方で、倫理的な観点から人工知能や自律が安全保障技術や軍事への利用に際して、どこまで許されるのかを含めたさまざまな問題が世界で議論されている[1-18]。

（中村　明）

2. ハイブリッド動力技術

2.1 ハイブリッド車両

　1997年に量産用ハイブリッド乗用車として世界に先駆けて㈱トヨタよりプリウスの販売が開始されて以降、わが国における自動車保有台数に占めるハイブリッド車（プラグインハイブリッド車含む）の割合は年々増加している[1-19]。街なかを見渡せば、ハイブリッド自家用車やタクシー、路線バスに遭遇しない日はないが、**図1-6**のように2020年以降はその割合が10％を優に超える見込みである。世界的に見ても**図1-7**のように、20年後の2040年には、プラグインハイブリッド車を含めたハイブリッド乗用車の新車販売は35％になると予測[1-20]されているなど、ハイブリッド車とその技術は私たちの生活の周りにある当たり前のものになるといっても良い。また図1-7は、別の視点から眺めると興味深いことが分かる。電気自動車を含めた電動車（または電気駆動車）は、2040年には50％を超える勢いだが、エンジンを搭載する車としてはまだ85％近くを占めると予測されている。つまり、ハイブリッド動力技術としてはエンジンも重要な位置づけにあるといえる。

　ハイブリッド車のメリットの一つは、燃費が向上できるということであるが、これは温室効果

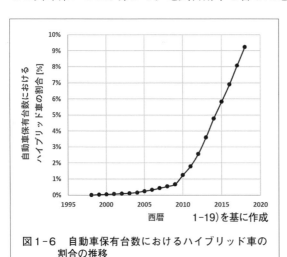

図1-6　自動車保有台数におけるハイブリッド車の
　　　割合の推移

縦軸: 自動車保有台数における
　　　ハイブリッド車の割合 [%]

横軸: 西暦　1-19)を基に作成

12

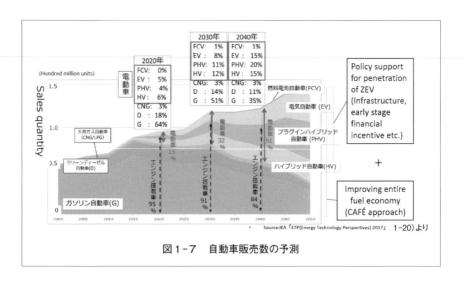

図1-7　自動車販売数の予測

ガスCO$_2$の排出量を抑制でき
るということである。経済産
業省の自動車新時代戦略会議
の中間整理（2018年8月）に
おいては、温暖化対策の節目
である2050年に向けた長期
ゴールとして、世界に供給す
る日本の乗用車について、ハ

表1-1　ハイブリッド車のメリットとデメリット

一般車両	防衛用車両
メリット：燃費が良い（CO$_2$排出量が少ない）	
メリット：加速が良い	
メリット：車内外に大電力供給ができる	
デメリット：音が静かす ぎると歩行者等が車の接 近に気付きにくい	メリット：音が静かであ る
デメリット：価格が高くなる	

イブリッド車を含めた電動車率は100％に達することを想定するとともに、商
用車のCO$_2$排出量の8割削減を目指すことに貢献する取組を進めることが重要
であることを報告している[1-21]。

　ハイブリッド車としては他にもメリットおよびデメリットがあり、定性的で
はあるが、それらを列挙したものを表1-1に示す。特徴的なメリットとして、
ハイブリッド車が大容量のバッテリーおよび発電機を搭載することから、車内
外に大電力供給ができるということが挙げられる。車両の音が静かになること
は基本的にはメリットだが、一般の車両においては、走行音が静か過ぎると歩

行者等が車両の接近に気付きにくく危険を感じるというデメリットにもなり、ハイブリッド車の接近を通報するために敢えて音を鳴らす車両接近通報装置を備えることが義務付けられている[1-22]。防衛用車両では、自身の存在が音響という面から相手から気付かれにくいことはメリットである。このようなことから、防衛用車両をハイブリッド化することで得られる運用上の効果は、状況監視用センサや車両搭載機器の電力を賄うための発電能力の向上、燃料補給の後方支援の負担を軽減する燃費の向上、作戦を優位に進められる静粛監視や静粛走行能力の向上などである。

2.2　ハイブリッドシステムの方式

　ハイブリッド車は二つ以上の動力源をもつ車を指し、一般的にエンジンとモータを動力源として備えている。近年では、自宅の電力系統などの外部から直接充電できるプラグインハイブリッド乗用車も広く販売されている。ハイブリッドシステムは大きく分けて図1-8のようにシリーズ方式とパラレル方式に分かれる。シリーズ方式はエンジン出力をすべて電力に変換し、モータだけで車を走らせる特徴、パラレル方式はエンジン出力をモータ出力でアシストする特徴があり、この両方の特徴を併せもった方式も実用化している[1-23]。

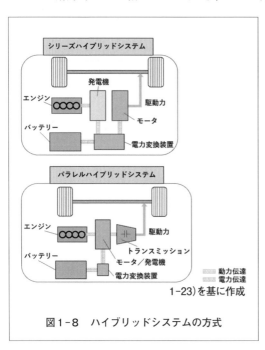

1-23)を基に作成

図1-8　ハイブリッドシステムの方式

2.3　世界の動向

　モータで車両を走行させる防衛用車両としては、最初の戦車であるMk1（英国）とほぼ時期を同じくしてサン・シャモン戦車（仏国）が、また1940年代にはエレファント戦車（独国）が登場した[1-24]。これらはガス・エレクトリック方式（ガソリンエンジンで発電した電力だけでモータを運転する方式）を採用しており、車両走行用のバッテリーがないため、エンジンが停止状態だと走行ができない点がシリーズハイブリッド方式と異なる。このように戦車の黎明期から電気で走行させるシステムは着目されてはいたが、その性能や信頼性等に当時は課題があったようで主流にはならなかった。

　防衛用車両を電気で運転する研究に再び光が当たりはじめたのは2000年代頃からで、**表1-2**に示すように、米国ではHE M113やAHEDといった多数の車両の研究、スウェーデンではSEP、南アフリカではCVEDと呼ばれる車両の研究が推進された[1-25]〜[1-30]。この頃は量産用ハイブリッド乗用車が世の中に出てきた頃であり、モータやバッテリーをはじめとする構成要素の性能や信頼性

表1-2　2000年代頃に研究開発が進められた防衛用車両（ハイブリッド）

名　　称	HE M113	AHED	SEP Tracked	CVED
外　観				※
国　名	米国	米国	スウェーデン	南ア
車両質量	約12t	約18t	約18t	約28t
ハイブリッド方式	シリーズ	シリーズ	（ディーゼル・エレクトリック）	シリーズ
エンジン出力	186kW	400kW	175kW×2	450kW
モータ出力	186kW×2	150kW×8	300kW+170kW（操向用）	80kW×8
発電機出力	185kW	360kW	185kW×2	不明
バッテリー	鉛	リチウムイオン	－	ニッケル水素

※Photo by JMK-Rooikat with hybrid electric drive at Waterkloof AFB, waiting to depart on short demonstration circuit（2012）/Adapted.
https://commons.wikimedia.org/wiki/File:Rooikat_K9._Waterkloof_Lugmagbasis.jpg　　　　1-25)〜1-30)を基に作成

表1-3 近年研究開発が進められた防衛用車両（ハイブリッド）

名　称	FED-B	VAB MK III Electer	PIRANHA5 FEDS	Krymsk
外　観				
国　名	米国	フランス	欧州	ロシア
ハイブリッド方式	パラレル	パラレル	＜パラレル＞	＜シリーズ＞
バッテリー	リチウムイオン	不明	不明	不明

注）＜＞は推定 　　　　　　　　　　　　　　　　　　　　1-31)〜1-35) を基に作成

が格段に進歩した結果であろう。

　これらのプロジェクトで研究された車両を含めハイブリッド動力技術を適用した防衛用車両は部隊への配備に至っていないが、近年でも**表1-3**のような車両の研究開発が諸外国で進行している[1-31)〜1-35)]。これらには技術の進展を受けて、より小型化されたモータ等が適用されていると思われる。

2.4　技術の現状

　ハイブリッド車において「キー」となる主な要素はモータ、バッテリーおよびこれらを電気でつなぐための電力変換装置である。発電機については、モータがブレーキをかけたときに通常は摩擦熱として捨てるエネルギーを電気として回収する発電機として働いたり、モータとの共通の技術も多いためここでは説明を省略する。

⑴　モータ

　車両を走行させるモータは、車両が走行する範囲で必要な性能が決まる。高速巡行など車両の速度に関係する回転数と坂道を登るなどの際に車を押し出す力に関係するトルク、そしてそれらを掛けあわせた仕事率、いわゆる馬力といった性能である。また大きさや重さについても車両に載せられるものでなくてはならない。**図1-9**に民間の乗用車やトラック・バスと、質量の大きな防衛用

車両に求められるモータの最高回転数と最大トルクのイメージを示す。乗用車用は高回転・高出力で、最高回転数は15,000min⁻¹に達するものもあり円筒形状、トラックなどは低速・大トルクで扁平形状になる傾向がある[1-29]。一方、防衛用車両は履帯が付いたものでも高速での走行が求められるとともに、とても急な坂道を登れることが求められる。そのためモータは最高回転数がある程度高く、最大トルク、最高出力がともに大きなものが必要になる。

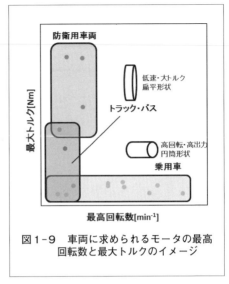

図1-9 車両に求められるモータの最高回転数と最大トルクのイメージ

　ハイブリッド車のモータは永久磁石同期型と誘導型が主流である。一般的に、永久磁石同期型モータはトルク密度が大きい特性があるため、小型で大トルクなものが実現できるが、誘導モータほど最高回転数と基底回転数（定トルク運転できる最高回転数）の割合を大きくとれないため、広範囲な速度領域をカバーするには不向きだった[1-37]。しかしながら、それを両立するためリラクタンストルクというものを活用した永久磁石同期型モータ[1-36]が研究開発され適用が広がっている。これは、リラクタンストルクにより総合的なトルクを増大させることにより小型で大トルク、また広範囲な速度領域で運転できるものであるが、このような技術の進展がハイブリッド車の進化につながっている。高い回転数、大きなトルク等が求められる防衛用車両にとっても好都合な特性をもったモータであり、諸外国もこのモータを適用しているものと思われる。

(2)　バッテリー

　電気エネルギーを充電して蓄積し、必要な時には放電するバッテリーには、エネルギー密度や安全性の高い二次電池（充電式電池）が必要である。現在の

　主流は、2019年にノーベル化学賞を日本人研究者も受賞したリチウムイオン蓄電池であるが、この実用化もハイブリッド車が市場を賑わすようになった要因の一つであろう。

　リチウムイオン蓄電池は実用化されている二次電池としては最も大きなエネルギー密度をもっているが、発火しやすいリチウムや可燃性の電解液を使用するため、安全性の確保について精力的な研究開発が行われている。防衛用車両については、米国において2016年にMIL-PRF-32565という規格が策定され、改定された最新版が2019年に出ている[1-38]。これは、従来から適用されている北大西洋条約機構（NATO）の6T規格鉛蓄電池の寸法等はそのままに、リチウムイオン蓄電池の規格を定めたもので、車両の起動や灯火類、エンジン停止時の監視用機材などの電源としての使用を想定したものである。この規格では、蓄電装置の状態モニターや過充放電保護を行うバッテリー管理システム付与の義務付けなどは当然ながら、銃弾が撃ち込まれた場合の挙動についても規定している。**表1-4**にその概要を示す。

　ハイブリッド車では、比較的大きな電力を扱うため電流値が大きくなり損失が増える。そのため、システムの電圧は高くして電流値を下げることで、ジュール熱による損失を低減して効率を上げており、システムの電圧は600Vを超えるものもある。6Tリチウムイオン蓄電池の規格は表1-4のように電圧24Vで、直列および並列に接続できる最低限度の数についても定められているが、直列接続

表1-4　6Tリチウムイオン蓄電池の規格（最低限度）の抜粋

タイプ	1		2	
分類	1-A	1-B	2-A	2-B
質量（最大）	30kg			
公称電圧	24V			
容量（22℃時）	55Ah	90Ah	55Ah	90Ah
使用可能寿命	5年			
連続サイクル放電電流	120A	180A	120A	180A
連続サイクル充電電流	60A	90A	60A	90A
使用温度範囲	-46～71℃			
直列接続できる数	1			
並列接続できる数	12			
釘を刺した場合等	電解液質量の50%以上のガス噴出（火炎は出ない）		火炎（爆発はしない）	
銃弾に被弾した場合	火炎（爆発はしない）			

1-38）を基に作成

については「1」となっている。そのため米陸軍では、組み合わせることで
電気駆動化された防衛用車両用の高電圧パックにできる蓄電池モジュールについての情報提供の依頼を広く求める活動を開始しており[1-39]、高電圧蓄電池モジュールまたはパックについても今後、安全性を含めた規格が策定されていくものと思われる。

(3) 電力変換装置

　電気を扱う場合に不可欠なのが電力変換装置である。電気の直流と交流の変換や、電圧や電流の値の制御など、電気機器それぞれに適した電気の状態に効率よく整えることが求められる。電力変換装置の技術は家電や産業機械、鉄道などの省エネや、きめ細やかな制御、最近では太陽光発電などの再生可能エネルギー機器の発展に伴って進化しているが、モータやバッテリーなどから構成されるハイブリッド車においても需要が拡大している。

　現在、電力変換装置に使用されている半導体の主流はシリコン（Si）で、これまでの研究開発により電力損失低減が推進されてきたが、今後の飛躍的な性能向上は困難との認識から、次世代パワー半導体材料として炭化ケイ素（SiC）や窒化ガリウム（GaN）などが期待されている[1-40]。これらの材料はシリコンよりも絶縁破壊電界や熱伝導度が高いため、電力変換装置をより高電圧や高温で動作でき、更なる電力損失低減や冷却装置の小型化が可能となる。**表1-5**に代表的な材料特性を示す。

　炭化ケイ素の電力変換装置は高電圧大電力用として期待され、鉄道分野で実用化が進められてきたが[1-41]〜[1-43]、近年ではハイブリッド乗用車においても電力損失の低減、つまり燃費の向上および電力変換装置の小型化を目標に実用化されつつある[1-44],[1-45]。防護の観点からモノコック構造かつ走行風による

表1-5　パワー半導体材料の代表的な特性

材　料	Si （シリコン）	4H-SiC （炭化ケイ素）	GaN （窒化ガリウム）
バンドギャップ （eV）	1.1	3.3	3.39
絶縁破壊電界 （MV/cm）	0.3	2.5	3.3
熱電導度 （W/cmK）	1.5	4.9	2

1-40) を基に作成

機器の冷却があまり望めない防衛用車両にとっては、炭化ケイ素のように高温動作できるパワー半導体を用いた電力変換装置は大変適しているため、現在、研究開発が進められており[1-46],[1-47]、車両に搭載した実証が今後進められていくと思われる。

2.5　陸上装備研究所における取り組み

　陸上装備研究所においては、平成9年度から防衛用車両の電気駆動化の研究を本格的に開始し、シリーズ方式のハイブリッド動力技術については平成23〜28年度にかけて、ハイブリッド動力システムの研究試作および試験において走行できる車両を試作し、走行性能等の評価を実施した。この車両は、リラクタンストルクを活用した出力250kWの永久磁石同期型モータ2基やリチウムイオン蓄電池等から構成されるシリーズハイブリッドシステムを搭載した車両質量13tの装軌式車両であり、加速性能や燃費の向上、蓄電池だけで走行する機能の確認などを行った[1-48]。図1-10に試験状況を示す。

　パラレル方式のハイブリッド動力技術については、平成17〜20年度にかけて、

図1-10　ハイブリッド動力システムの試験状況

図1-11　軽量戦闘車両システムの試験状況

車両用発電装置の研究試作および試験において、台上試験レベルでの試験を実施している[1-49]。また装輪式車両についても、平成22〜28年度の軽量戦闘車両システムの研究試作および試験において、走行できる6輪インホイールモータの車両を試作し、走行性能等の評価を実施した[1-50]。図1-11に試験状況を示す。

　この車両はインホイールモータの独立分散駆動型電気駆動システム技術を研究するものであるため電気自動車として試作したが、インホイールモータは車両のハイブリッド化に適用できる。従来型車両よりも走行性能や燃費を向上できるなど将来の自衛隊車両の活用範囲を大きく広げられる防衛用車両のハイブリッド動力化に向けて、研究を進めている。

（吉川　毅）

3. 車両用多種環境シミュレータを事例としたモデル化技術

3.1 戦闘車両シミュレーション技術

　自動車分野、航空宇宙分野などシミュレーション技術は、今や研究開発に欠かせない技術となっている。要素設計からシステム設計、試験評価に至るまで重要な役割を果たしており、研究開発の効率化、コスト削減、手戻り防止等に多大な効果を発揮している。例えば、実車での試験に比較して、シミュレータ上では幅広い試験環境を容易に模擬することができるため、特に安全性の観点から危険が伴う環境下での試験評価に対してシミュレーションの活用は有効である。

　戦闘車両の研究開発においても諸外国では、概念設計→基本設計→評価・検討→要素試作→評価・検討→全体試作のプロセスのうち、最後の段階となる全体試作をする前のほとんどでシミュレーションを用いる研究開発が主流となっている。

　本項ではテーマである戦闘車両シミュレーション技術に関し、その具体的な適用事例であり防衛装備庁陸上装備研究所が現在、研究を行っている車両用多種環境シミュレータを題材として、当該技術のうち、その中核を成すモデル化技術について紹介する。

3.2 車両用多種環境シミュレータ

　まず、車両用多種環境シミュレータの概要を述べる。近年のわが国を取り巻く安全保障環境の変化により、戦闘車両は、その行動範囲として想定してきた従来の陸上に加え、沿岸および海上を含む環境に対応することが急務となっており、陸上自衛隊の水陸両用車の導入に伴い、多様な環境下での車両の機動性

評価の重要度が増している。そこで陸上装備研究所では、平成9年度～18年度にかけて実施した「車両コンセプトシミュレータの研究」で確立した陸上での戦闘車両のシミュレーション技術に加え、平成28年度から水陸環境における複雑な地形や波浪環境へも対応し、車両の機動性能の予測、分析および評価を可能とするシミュレーション技術の確立を目的として「車両用多種環境シミュレータの研究」を行っている。

車両用多種環境シミュレータは、図1-12に示すように①運用状況模擬装置、②操縦模擬装置および③計算模擬装置で構成されている。運用状況模擬装置は、車両モデル、環境モデル、シナリオといったシミュレーションの条件設定を行う装置であり、操縦模擬装置は、水陸両用車の操縦席を模擬しており、模擬視界を見ながらシミュレータ上の車両の操縦を行うための装置である。また計算模擬装置は、車両運動や波浪外力等の計算を行う装置である。

本シミュレータは、非実時間シミュレーションおよび実時間シミュレーション機能を有している。前者ではRecurDyn（機構解析ソフトウェア）やSTAR-CCM＋（流体解析ソフトウェア）といった市販のソフトウェアにより、車両機動性能の詳細な解析が可能である。後者では、試作したソフトウェアを用い

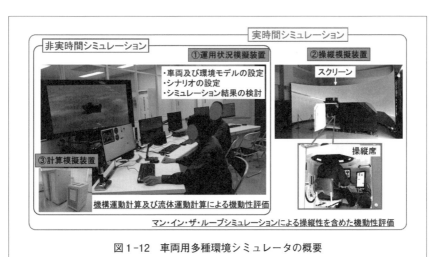

図1-12　車両用多種環境シミュレータの概要

図1-13　車両モデルおよび環境モデル

たマン・イン・ザ・ループ・シミュレーションにより、車両の操縦性の評価や操縦者を含めた車両機動性能の評価が可能である。

　また図1-13に示すように水陸両用車の他、陸上車両（90式戦車および96式装輪装甲車）のモデルを有し、また環境モデルとして海上、沿岸および陸上環境を有し、更にはモデルの編集、追加も可能となっている。

3.3　モデル化技術

　シミュレーションを行う上で、車両や航空機、また環境など、シミュレータの使用目的や必要な性能を踏まえつつ、それらのシミュレーションモデルをどのように設定するかは極めて重要である。例えば、計算時間に制限がある実時間シミュレーションでは、シミュレーション精度と計算コストのバランスを考慮しながらモデルを構築する必要がある。ここでは、シミュレーション対象のモデル化の実例として車両用多種環境シミュレータで構築した実時間シミュレーションの水陸両用車モデルおよび環境モデルについて述べる。

⑴　車両モデル

　本シミュレータの実時間シミュレーションにおける水陸両用車モデルは、海

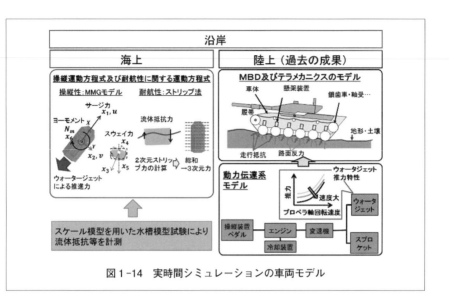

図1-14　実時間シミュレーションの車両モデル

上航行や海上から海岸へ上陸する際の車両運動を模擬するため、船舶や陸上車両に関する運動方程式群や水陸両用車のスケール模型を用いた水槽模型試験で取得した流体抵抗等の実験データから構成されている。

　実時間シミュレーションの水陸両用車の力学モデルおよび動力伝達系モデルの概念を**図1-14**に示す。力学モデルは、流体からの影響を受ける環境下および路面からの影響を受ける環境下における車両運動を模擬するモデルを個別に作成し、それらを組み合わせることで構築されている。つまり、車両が海上を航行する場合は、路面からの影響は計算上考慮されず、陸上を移動する場合は、逆に流体の影響が無視される。一方、沿岸を車両が移動する場合は、海水に浸かったまま海底に接地している状況になることから流体および路面からの影響が同時に考慮される形となっている。

　海上や沿岸での流体の影響を受ける状態での車両運動の計算は、操縦運動方程式（平水中での車両の操縦運動を表現）および耐航性に関する運動方程式（波浪による車両の耐航運動を表現）を組み合わせることにより行われている。操縦運動方程式は、船に働く力を船体、プロペラおよび舵の各要素に分割して表

現する操縦モデリンググループ（MMG：Maneuvering Modeling Group）モデル[1-51]を活用している。また耐航性に関する運動方程式では、船体各断面に働く2次元流体力を船長方向へ積分することにより、3次元船体に働く流体力を求めることができるストリップ法[1-52]を用いている。

　車両の陸上での運動は、マルチボディダイナミクス（MBD）およびテラメカニクスに基づいた機構運動計算により求められ、車両が受ける地面との接触力および地面の土質特性を用いて、堅硬路、軟弱地、砂浜、泥浜等における車両運動が計算される。動力伝達系は、エンジン、変速機、操舵装置、ペダル類等から構成されており、各要素の性能は、例えば図1-14右下にあるウォータージェット推力特性のように参照テーブルで定義されている。

　式(1)に車両へ作用する力に関する車両の運動方程式を示す。車両の6分力のダイナミクスは、F_i：操縦運動項、F_w：耐航運動項、F_t：推進装置からの駆動力およびF_{MBD}：MBDモデルおよびテラメカニクスにより計算される陸上での外力により表現される。車両の駆動力は、操縦者の入力および上述した参照テーブルを用いる車両の動力伝達系のモデルにより計算することができる。

$$M\ddot{x} = \frac{V}{V_0}(F_i + F_w) + F_t + F_{MBD} \tag{1}$$

　ここで、M：車両質量、$\ddot{x}$：車両加速度である。またV_0は車両が平水中を航行する際の水中に没している体積であり、一定値である。Vは車両が上陸する際の没水体積であり、上陸中に徐々に減少する。F_iおよびF_wは、V/V_0に比例していると仮定しており、従って、V/V_0は没水体積に依存する流体力の換算因子を表している。

(2)　パラメータ取得

　車両等、シミュレーション対象の運動を計算機上で模擬する場合、対象と環境の相互作用力をより正確に把握し計算モデルに反映することが、シミュレーション結果の精度向上にとって重要である。

　本シミュレータでは、水陸両用車をシミュレーション対象としているため陸

上車両の場合とは異なり、車両と流体間の相互作用の把握が重要となる。そこで、計算モデルの各種パラメータは、船舶分野での考え方を採用し、水陸両用車の1/8スケール模型（図1-15）を用いて水槽模型試験を行い、環境との相互作用から生じる、車両に働く流体力の特性を計測することで決定している。

式(1)の操縦運動項F_iの計算に必要なパラメータ等を取得するために図1-16上段に示すように6種類の水槽模型試験を行い、車両運動や車体に作用する流体力等を計測した。また式(1)の耐航運動項F_wに関するパラメータを取得するため、図1-16下段に示すように2種類の水槽模型試験を実施し、車両の減衰特性および波の進行方向、周波数、高さを変えた、さまざまな波から車両が受ける外力を計測した。なおサージングは前後揺れ、スウェイングは左右揺れ、ヒービングは上下揺れ、ローリングは横揺れ、ピッチングは縦揺れおよびヨーイングは船首

図1-15　水陸両用車の1/8スケール模型

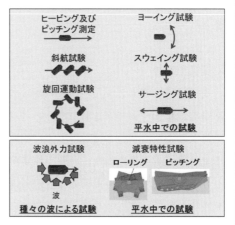

図1-16　水槽模型試験

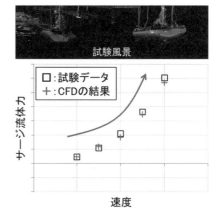

図1-17　水槽模型試験結果とCFDの結果

揺れのことである。

　ヒービングおよびピッチング測定（図1-16上段左上）で取得したスケール模型の前進速度とサージ流体力の関係を表したグラフを水槽模型試験の結果の一例として**図1-17**に示す。模型が速く進むほど、サージ流体力が増大することが観測された。なおCFD（Computational Fluid Dynamics：数値流体力学）の計算結果と比較したところ、取得した試験データとほぼ一致していることが確認されている。

(3)　環境モデル

　ここでは環境のモデル化のうち、特に水陸両用車のシミュレーションに必須である波浪に関するモデル化について述べる。**図1-18**に示すように波浪モデルは海上および沿岸の2種類のモデルで構成されている。

　海上の波浪モデルの場合、周期や波高が一定の、さまざまな規則的な波が重なり合って形成された不規則的な波が広域方向から車両に到達するものとしてモデル化されている。そして、各方向からくる不規則波の波高は、車両に対す

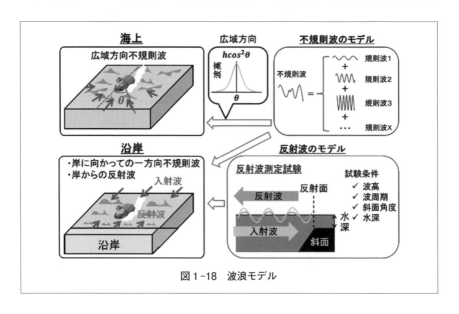

図1-18　波浪モデル

る波の入射角を θ とすると、波高 h と $cos^2\theta$ の積 $hcos^2\theta$ で定義されている。

　沿岸での波浪モデルは、海側から岸に向かって一方向から不規則的な波が岸に入射波として到達し、それにより岸から反射波が発生するものとしてモデル化されている。車両における波高はこれら入射波と反射波を重ね合わせることで求められている。反射波波高は、入射波波高と沿岸における波の反射率を掛け合わせることで求めており、反射率は図1-18の右下に示すように波浪水槽において、入射波波高、波周期、斜面角度および水深を変更した各条件での反射波波高を計測することで反射波波高／入射波波高により算出した。

⑷　モジュール構造

　車両をモデル化する際、その構成要素であるエンジン、懸架装置、水陸両用車にあってはその装備として特徴的なウォータージェットなど、それらを独立したモジュールとして数学モデルを記述することにより、性能や機能が異なる構成要素の組み替えや新規構成要素の追加が効率的に行えるようになる。それにより、例えば、シミュレータ上で新規戦闘車両を検討する際、その車両モデ

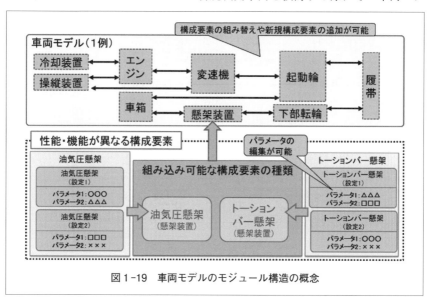

図1-19　車両モデルのモジュール構造の概念

ルの構築が容易になるなど、各種車両に対応可能な汎用性のあるシミュレータの構築をすることが可能となる。本シミュレータで構築した車両モデルのモジュール構造の概念を**図1-19**に示す。

3.4　シミュレーション結果

　戦闘車両シミュレーションの計算例として、車両用多種環境シミュレータの実時間シミュレーションの結果を**図1-20**に示す。シミュレーションは、水陸両用車が波浪の無い海上を航行後、海中の斜面を登坂し海岸へ上陸するというシナリオで実施した。

　図1-20より、斜面に履帯が接地して登坂を開始すると、車両ピッチ角が増加し始め、また車両が海面から浮上することから浮力の減少が始まり、それに応じて重力により受ける斜面からの反力である車両の接地荷重が増加してい

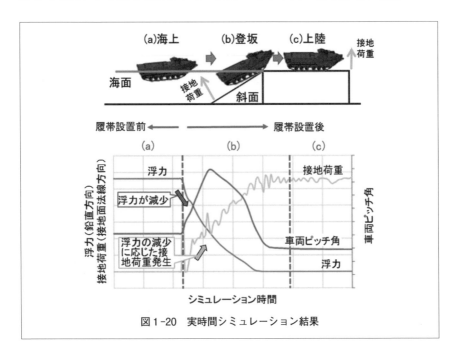

図1-20　実時間シミュレーション結果

る。上陸後は、接地荷重は車両が海上で受けていた浮力相当の値となり、平地での走行であることからピッチ角が一定値となっている。今後、実車試験や更なる水槽模型試験を行って各種パラメータの精度を高めていく必要はあるものの現状、物理的に矛盾の無いシミュレーション結果が得られている。

　最後に、戦闘車両シミュレーション技術、その技術が適用されるシミュレータを活用した、今後期待される戦闘車両の研究開発の流れについて**図1-21**を用いて述べる。

　まず新規戦闘車両の研究開発の初期段階として、要求性能、技術的可能性等のニーズやシーズを踏まえて概念検討を実施する（図1-21上段左下）。次の段階である設計・試作では車両のより詳細な性能諸元を導出し、シミュレータ上で仮想車両モデルを構築する（同中央上）。最後に、非実時間シミュレーショ

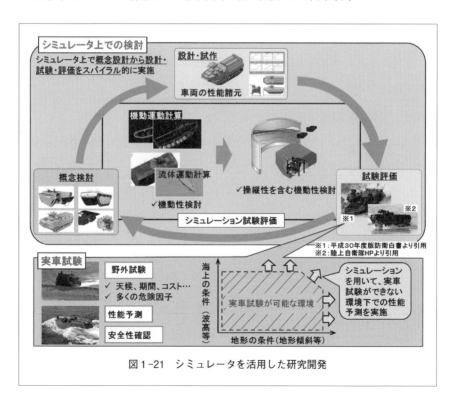

図1-21　シミュレータを活用した研究開発

ンによる詳細な車両機動性能の予測や実時間シミュレーションでのマン・イン・ザ・ループ・シミュレーションでの操縦性を含めた車両の機動性能の評価を仮想空間で行う（同右下）。

　本シミュレータを活用した検討を実車の設計・製造、試験評価の前に実施することで、冒頭で述べたような研究開発の効率化、手戻りの防止等を図ることができる。また、これらはシミュレーションを活用した研究開発の大きな利点であるが、実車の研究開発段階に比較して低リスクで、かつコスト的、時間的影響を大きく受けることなく、シミュレータ上でスパイラル的にプロセスを繰り返すことで、より容易に検討精度を高めることも可能である。加えて、実車での試験が困難な環境条件での試験をシミュレータ上で実施することで、実車試験の補完や代替をするものとしてシミュレータを有効に活用することができる（図1-21下段）。

　現在の戦闘車両シミュレーション技術は計算機性能の劇的な向上と相俟って、シミュレーションを活用した効率的な研究開発を進める上で十分に期待に応えうる結果をもたらしてくれるものと言うことができる。

（金子　学）

第2章

火器弾薬関連の先進技術

1. 弾頭技術～先進対艦・対地弾頭の研究

1.1 島嶼防衛における誘導弾の重要性

　大小多くの島々を有する島嶼国であるわが国において、島嶼防衛は極めて重要な課題であり、平素からの常時継続的な情報収集、警戒監視等により、島嶼侵攻の兆候を早期に察知し、事態の発生・深刻化を未然に防止することが重要である。事前に兆候を得たならば、敵に先んじて部隊を展開・集中し、敵の侵攻を阻止・排除する必要がある。また島嶼への侵攻があった場合には航空機や艦艇による対地射撃により敵を制圧したのち、部隊を着上陸させる等の島嶼奪還作戦を行う[2-1]。その際に早期に敵を排除し、島嶼奪還において敵の迎撃による被害を抑えるためには、誘導弾（ミサイル）等による遠方からの攻撃が重要であり、そのためには目標に対して有効打撃を与えられる誘導弾用弾頭が必要になる。

　防衛装備庁陸上装備研究所では、わが国島嶼に対する侵攻への対応として、島嶼およびその周辺海域に展開する部隊等に有効に対処できる誘導弾用弾頭に関する技術を確立することを目的として、先進対艦・対地技術の研究を実施している。以下、本研究についてその概要を紹介する。

1.2 弾頭および信管の役割

　まず、誘導弾等に用いられる弾頭および信管の役割について述べる。

⑴ 弾頭・信管
　弾頭は弾殻、炸薬（爆薬）、それを起爆させる信管からなっており、誘導弾、爆弾、砲弾、魚雷等に搭載される（**図2-1**）。弾殻は炸薬を充填するように設

計された構造体で主に高張力鋼等ででき
ており、起爆時に発生する衝撃波や
爆風圧により破片となって飛散する。
信管は所望の時機と場所で弾薬を作動
させるため、安全および安全解除の機
能ならびに火薬系列を作動させる機能
を統合した装置[2-2]である。信管には
砲弾等が火砲から発射される際の発射

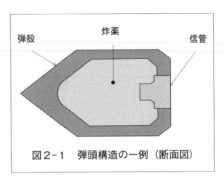

図2-1　弾頭構造の一例（断面図）

衝撃として数千G以上、弾着時には最大数万G以上の衝撃がかかるため、信管
はそれらの衝撃（発射衝撃、弾着衝撃）に耐えることが必須となる。

(2)　破壊効果から見た弾頭の分類（爆風と破片）

　用途の観点から弾頭を分類すると、破片型、爆風型、成形炸薬型およびクラ
スタ方式に分類される[2-3]。

　破片型は主として軟目標に分類される防空ミサイル発射機、軽装甲車や人員
に対するものおよび対空目標用であり、弾頭を起爆させることで弾殻が破片に
なるが、目標に応じ必要となる威力から破片の寸法等が決まる。目標に対して
必要な威力をもっている破片を有効破片といい、その数を増やすために弾殻に
あらかじめ切り欠きを入れている調整破片型や大きさを揃えた破片を円周上に
並べて設けている成形破片型が用いられることが多い（**図2-2**）。

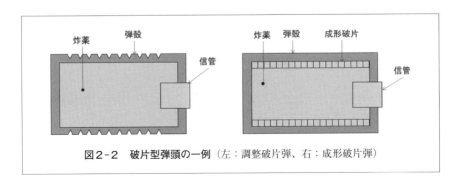

図2-2　破片型弾頭の一例（左：調整破片弾、右：成形破片弾）

　爆風型についても対地目標用および対空目標用として用いられており、弾殻が飛散することで破片型との併用になる。また爆風型弾頭は建造物や艦艇内といった気密性の高い構造物においても有効である。

　戦車等の重装甲目標に対しては、成形炸薬型が用いられる。成形炸薬弾は、爆発の力によって、ライナと呼ばれる円錐形の金属から高速の噴流であるメタルジェットを生成するものである。ライナ材料およびその形状の最適化、スタンドオフ（起爆点と目標との距離）の適正化等により薬径の6～8倍の厚さの装甲を貫徹するといわれている。

　クラスタ方式では弾頭から子弾を放出し、成形炸薬で装甲目標のうち、より装甲の薄い上面を攻撃することにより破壊する。また軽装甲車両等の軟目標に対しても破片効果で撃破が可能である。クラスタ方式の例として、りゅう弾砲から射撃されるM898 SADARM（Sense and Destroy ARMor）は敵上空で子弾を放出し、子弾はパラシュートを開きながら低速で降下する際、各種センサにより敵を検知し、EFP（Explosively Formed Penetrator：爆発成形弾）を打ち出し、主力戦車の上面装甲を撃破する（**図2-3**）[2-4]。SADARMのように単一目標の検知機構をもち、子弾の個数や子弾の重量等で一定の要件を満た

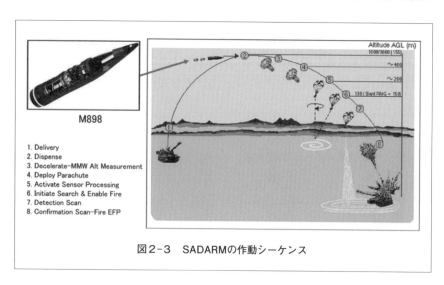

図2-3　SADARMの作動シーケンス

すものは禁止対象のクラスタ弾に該当しない[2-5]。

　なお、わが国においてはオスロ条約（クラスター弾に関する条約）[2-6]に抵触するクラスタ弾は、製造、保管および運用等が禁止されている。

(3)　リーサルエリアの拡大

　ここまで破壊効果について弾頭の分類により示してきたが、弾頭が起爆した際にどれだけの範囲の目標を損傷できるかを見積もる指標であるリーサルエリア[2-3]についても言及する。

　弾頭起爆による破壊効果を得るためには、まずは目標に誘導弾等を確実に命中させることが必要である。この事例としては、精密誘導兵器としてのレーザ誘導爆弾が挙げられる。この爆弾は軍用機を格納する航空機掩体やミサイル発射装置等の固定目標を主な対象としていたが、近年では戦場における部隊等の機動性も高まり、弾道ミサイルも輸送起立発射機（TEL: Transporter Erector Launcher）といわれる装輪車両に搭載し移動することができるため、これらの目標に対しては、命中精度の悪化が生じている。

　こうした命中精度の悪化に対して、リーサルエリアを広げることが重要になっている。リーサルエリアの算出には破片の初速、破片密度、破片の着速、破片の質量分布等の諸元が関係しており、目標に対して有効破片を指向させることでリーサルエリアを拡大することができる。弾頭から生成された破片がある程度の速度を保ったまま飛しょうすることで、誘導弾等が特定した攻撃目標の位置と実際の位置のずれ（ミスディスタンス）が大きくなっても、敵に有効打撃を与えることができる。

　質量をもった有効破片を目標へ指向させる弾頭としてEFP弾頭があげられる。構造自体は**図2-4**に示すように成形炸薬型

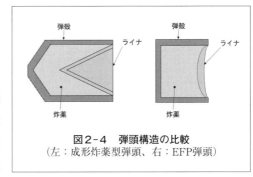

図2-4　弾頭構造の比較
（左：成形炸薬型弾頭、右：EFP弾頭）

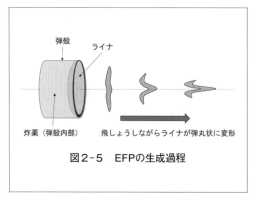

弾殻　ライナ

炸薬（弾殻内部）　飛しょうしながらライナが弾丸状に変形

図2-5　EFPの生成過程

の弾頭と似ているが、ライナの形状が成形炸薬型では円錐に近く、EFP弾頭では球面の一部分のイメージである。**図2-5**にEFPの生成過程を示す。貫通力に関しては、成形炸薬型ではスタンドオフの適切な範囲が限られているのに対し、EFP弾頭で生成される成形弾は同じ薬径ならスタンドオフが大きくなっても成形炸薬型より高い貫徹力を維持することができる。成形炸薬型の適切なスタンドオフが炸薬径の6倍程度に対し、EFPでは条件にもよるものの、スタンドオフが100m以上でも機能を発揮することができる[2-7]。

一方EFP弾頭の短所は、りゅう弾と比較して散布される破片密度が小さいことである。これを補うためには、

・一つの弾頭に複数のEFPを配置
・通常1ヵ所から1個生成されるEFPを複数個生成

を行うことで、散布密度を大きくすることができる。ただし、炸薬量の総エネルギー量自体は変わらないため、EFPのマルチ化および高密度化により、それぞれ単独のEFP貫通力は減少することから、いかにEFPの貫通力を維持したまま散布密度を向上させるかが課題となる。

1.3　先進対艦・対地弾頭

1.1項で述べたようにわが国において島嶼防衛は重要な課題であるが、わが国周辺の防衛環境を概観すると、周辺国の空母を主体とする海上・航空勢力の増大、防空ミサイルの能力向上と運用部隊改編および島嶼侵攻能力の向上等がなされている状況[2-1]にあることが分かる（**図2-6**）。

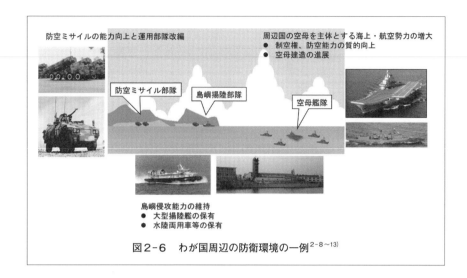

図2-6　わが国周辺の防衛環境の一例[2-8〜13)]

この状況の中で、

　・平成31年度以降に係る防衛計画の大綱[2-14)]では、防衛力強化に当たっての
　　優先事項が決定され、島嶼部を含むわが国への侵攻を試みる艦艇や上陸部
　　隊等に対して、脅威圏の外から対処を行うためのスタンドオフ火力の獲得
　　が必要であり、関連する技術の総合的な研究開発を含め、迅速かつ柔軟に
　　強化していくこと。

　・中期防衛力整備計画〔平成31年度〜平成35年度（令和5年度）〕[2-15)]では、
　　防衛力の中心的な構成要素の強化における優先事項を決定。防衛力の中心
　　的な構成要素の強化における優先事項のうち、技術基盤の強化について、
　　新たな島嶼防衛用対艦誘導弾等について研究開発プロセスの合理化等によ
　　り、研究開発期間の大幅な短縮を図るため、ブロック化、モジュール化等
　　の新たな手法を柔軟かつ積極的に活用すること。

が示された。

　このように、空母やその飛行甲板といった硬目標を撃破可能な対艦弾頭や地
上に展開する敵部隊を面制圧可能な対地弾頭に関する技術的知見の必要性が高
まっているところであるが、防衛装備庁陸上装備研究所では、従来より空母の

図2-7　本研究の概要

飛行甲板を貫徹し内部で起爆することで目標を撃破することを目的としたシーバスター弾頭および地上に展開する敵部隊を面制圧するための高密度EFP弾頭を対象とした先進対艦・対地弾頭技術の研究を実施してきた。このうち平成27年度から平成30年度の研究ではシーバスター弾頭および高密度EFP弾頭の試作を行った（**図2-7**）。以下にそれぞれの弾頭の概要を述べる。

(1)　シーバスター弾頭

　シーバスター弾頭は、わが国島嶼部およびその周辺海域に展開する敵部隊・艦艇を目標とし、この目標に対して弾頭を貫徹・起爆させ、爆風効果により目標を破壊できる能力をもつ弾頭である。この弾頭は、以下の事項を想定して検討を進めた。

①目標とする敵部隊・艦艇は、防護性能が高いと考えられる空母。

②搭載する誘導弾は、自衛隊が現在保有している、または自衛隊が将来保有することが見込まれる亜音速および音速以上の速度で水平・巡航飛しょうする能力をもつもの。外観は、自衛隊が現在保有する誘導弾に類似した形状および自衛隊が将来保有することが見込まれる改良型の二つの類型。

③誘導弾の終末誘導方式は、目標に対して上面または側面から攻撃すること。

④弾頭の類型は、先駆弾頭（成形炸薬型）付き徹甲りゅう弾。

⑤弾頭の攻撃性能は、先駆弾頭の効果により徹甲りゅう弾の貫徹を促進し、徹甲りゅう弾の貫徹・爆風効果により目標を破壊すること。

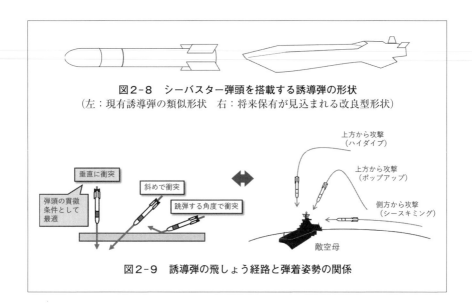

図2-8　シーバスター弾頭を搭載する誘導弾の形状
（左：現有誘導弾の類似形状　右：将来保有が見込まれる改良型形状）

図2-9　誘導弾の飛しょう経路と弾着姿勢の関係

　その結果、外観については、シーバスター弾頭を搭載する誘導弾は、**図2-8**のように現有誘導弾は断面が円形であるが、将来的にはステルス性等を考慮した形状になることも想定した。

　誘導弾の飛しょう条件の最適化については、誘導弾の衝突速度・衝突角度の相違により、弾頭の貫徹性能や信管に加わる衝撃に違いが生じるが、貫徹性能を最大化する条件が必ずしも最適な誘導弾の飛しょう経路（迎撃されずに目標に到達する確率が最大となる経路）と一致するとは限らない。例えば、空母の飛行甲板へ与えるダメージを最大化するならば誘導弾のハイダイブによる衝突角度０°（つまり真上から誘導弾が激突する状態）が最適であるが、目標艦およびその僚艦からの攻撃をかわして目標艦に到達する可能性を高める飛しょう経路が衝突角度０°に一致するとは限らず、ポップアップにより、衝突角度０〜90°の間で斜めに飛行甲板に衝突することになる。これについては数値シミュレーションにより、どの程度の衝突角度なら貫徹可能かを検討し、本研究では誘導弾はハイダイブ・ポップアップ型のように上方から弾着するものとした（**図2-9**）。

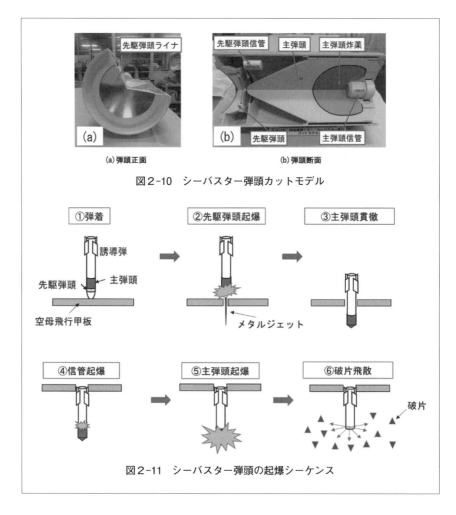

(a) 弾頭正面　　　　　　　(b) 弾頭断面

図2-10　シーバスター弾頭カットモデル

図2-11　シーバスター弾頭の起爆シーケンス

　先駆弾頭および主弾頭の形状・機能については、貫徹性能や破片威力等を射撃試験、爆破試験および数値シミュレーションにより検討し弾頭形状・配置を決定した。図2-10に形状・配置を検討して作成した弾頭カットモデルを示す。

　図2-10に示す通りシーバスター弾頭は、徹甲りゅう弾の主弾頭と成形炸薬弾の先駆弾頭からなるタンデム型と呼ばれる弾頭である。シーバスター弾頭の起爆シーケンスを図2-11に示す。弾頭は目標に弾着後、先駆弾頭が起爆し空

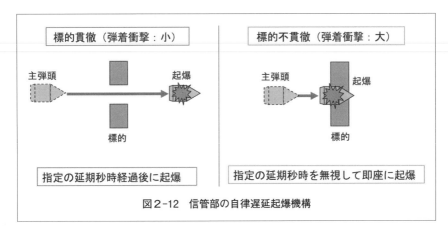

図2-12 信管部の自律遅延起爆機構

母の飛行甲板にメタルジェットで貫徹孔を開ける。その後、主弾頭である徹甲りゅう弾が飛行甲板を貫徹し内部で起爆する。信管に関しては、事前に弾着から起爆までの秒時（延期秒時）を設定しておき、飛行甲板を貫徹し空母内部で弾頭を起爆するようになっている。硬目標である飛行甲板を貫徹する際には極めて大きな衝撃が弾頭にかかるため、弾殻および信管はその衝撃に耐える必要がある。特に弾頭が標的を貫徹できなかった場合、信管にかかる衝撃は貫徹時よりも大きく、信管の起爆機構が損傷する可能性がある。そのため信管には衝撃検知機構を設けており、信管が損傷するほどの衝撃がかかった場合、前述した延期秒時を待たずに即座に起爆し、信管が損傷し起爆不能になる前に弾頭威力を発揮するようになっている。このように弾頭の貫徹状況に応じて、起爆タイミングを切り替える機構を自律遅延起爆機構と称している（図2-12）。

(2) 高密度EFP弾頭

高密度EFP弾頭は敵地上部隊を目標とし、目標上空で弾頭を起爆させ、EFPの侵徹効果により目標を破壊・面制圧する能力をもつ弾頭である。この弾頭は、以下のとおり事項を想定して検討を進めた。

①目標とする敵部隊は、上陸用舟艇、水陸両用車、防空ミサイル発射機および対空レーダ等の小型・軽装甲の敵兵器。

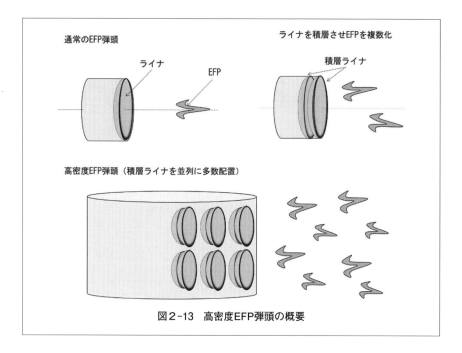

図2-13　高密度EFP弾頭の概要

②搭載される誘導弾、誘導弾の外観はシーバスター弾頭の検討項目②と同じ。

③弾頭の攻撃性能は、下記に示すとおり。

　　・EFPライナを並列・積層させることにより、多数のEFPを生成すること。

　　・EFPの侵徹効果により目標を破壊できること。

　　・目標の近傍おおよそ100m上空において起爆しても、目標に対する侵徹
　　　効果を維持できるスタンドオフ特性をもつこと。

　　・広域に展開する多数の目標を同時に破壊できること。

　その結果、目標については公開情報を基に装甲の厚みを推定し、必要となる
EFPの威力目標を設定した。搭載される誘導弾の外観については図2-7と同
様である。攻撃性能については、広域に展開する多数の目標を同時に破壊する
には1.2(3)項でも述べたとおりEFP弾頭のマルチ化および高密度化の実現が
必要である。そのため高密度EFP弾頭ではEFPライナを並列・積層させること
により、多数のEFPが生成される構造とした（図2-13）。

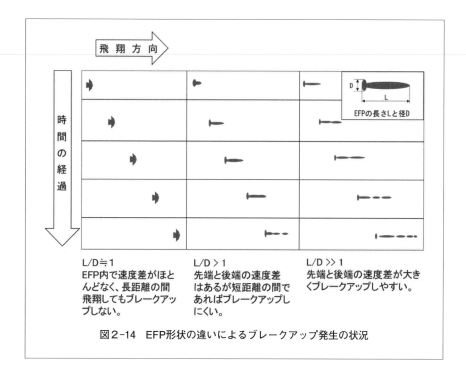

図2-14 EFP形状の違いによるブレークアップ発生の状況

そしてEFPの侵徹効果や散布範囲については爆破試験および数値シミュレーションにより検討を行った。具体的にはEFP形状、材質、径、積層数等の違いによるEFP射出速度や侵徹長の違いおよび誘導弾の飛しょう経路とEFP散布範囲の違いについて考察を行った。

EFP形状は、長さ（L）/径（D）≫1の場合、侵徹威力は大きくなるものの、生成されるEFPの先端と後端で速度差が大きく、長スタンドオフでは破断（ブレークアップ）する可能性が高くなる（**図2-14**）。このため、本研究では100mのスタンドオフにおいても威力を発揮する形状を検討した。またEFPの総数を増やすためにライナの積層数を増やすと、各ライナが分離しにくくなり所望の散布性能にならないため、ライナ積層数は必要となる散布性能に合わせた枚数とし、ライナ形状もそれに応じて検討し形状を決定した。

また誘導弾の飛しょう・起爆条件については**図2-15**に示すように、弾頭起

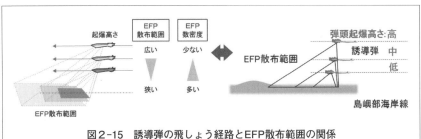

図2-15　誘導弾の飛しょう経路とEFP散布範囲の関係

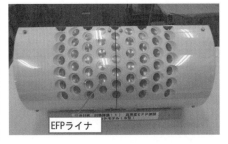

図2-16　高密度EFP弾頭カットモデル

爆高さ（誘導弾の飛しょう高度）の相違によるEFP散布範囲の違いを踏まえ、誘導弾としての妥当性を検証し100m上空において起爆しても、目標に対する侵徹効果を維持できることを確認した。

　これらの検討から決定した高密度EFP弾頭の形状・配置を**図2-16**に示す（図ではカットモデルを示す）。また高密度EFP弾頭から生成されるEFPは目標の近傍おおよそ100m上空において起爆しても、目標に対する侵徹効果を維持できること、広域に展開する多数の目標を同時に破壊可能なことを静爆試験・シミュレーションにおいて確認した。

　なお高密度EFP弾頭は地上に展開する目標に対して広範囲に攻撃する能力をもつが、地上に落下するものは金属の塊であるEFPであるため、クラスタ弾と異なり地上に不発弾等を残すことがなくオスロ条約等に抵触することはない。

1.4　今後の研究

　本研究では洋上に展開する艦艇等に有効なシーバスター弾頭、地上に展開する敵部隊等に有効な高密度EFP弾頭の二種類の弾頭の研究を実施した。しかし

島嶼防衛を想定した場合、艦艇・地上部隊のそれぞれの目標に対して専用の弾頭を使用する必要があり、保有弾数や携行弾数にも制約がある。そこで目標に対して適切な火力集中を迅速に行うため、対艦・対地機能を併せもち、多様な目標・運用形態に対応できる誘導弾用弾頭も技術的に検討する必要があると考えている。本研究の成果はこうした統合型弾頭（コンビネーション弾頭）の研究につなげていく計画である。

　ここでは弾頭技術のうち、先進対艦・対地弾頭技術について解説を行った。現代の戦闘・防衛において誘導弾の重要性は増しており、多様な目標、状況に対応可能な誘導弾用弾頭の技術を確立しておくことは極めて重要である。また弾頭機能についても多目的化・統合化を研究することで、保有・携行する弾薬数を最適化し迅速な作戦行動につなげられるため、今後はこうした研究を進めていくことも重要である。

（関口　和巳）

2．超高速飛翔体(HVP)・スーパーキャビテーション弾

2.1 弾薬におけるゲームチェンジャー

　一般に、近年の技術革新の進展に伴い、将来の戦闘様相を一変させる装備を称して「ゲームチェンジャー」という。

　現在、米国海軍は、対ミサイル防空能力を大幅に向上させる三つの装備、固体レーザ兵器〔SSLs（Solid State Laser）〕、超高速飛翔体〔HVP（Hyper Velocity Projectile）〕および電磁レールガン〔EMRG（Electro Magnetic Rail Gun）〕について、研究開発を実施している。近年、三つの装備品について大きな進展があったものの、依然として重要な技術課題はいくつか存在し、それら技術課題を数年で克服するのは困難である。しかしながら、これらの装備のうちの一つでも実用化できれば、対ミサイル防空装備としてゲームチェンジャーとなるとしている。

　一方、一般に水中を移動する物体に対して働く抵抗は、圧力抵抗と摩擦抵抗とに分けられ、このうち摩擦抵抗が物体の運動に影響を与える場合が多い。このため、物体の先端でスーパーキャビテーションを発生させ、物体全体をキャビテーション（気泡）で覆うことにより、摩擦抵抗の低減が可能となる[2-16]。ここで、スーパーキャビテーション現象とは、キャビテーションを積極的に発生させ、飛翔体全体が気泡で包まれることにより水中における抵抗が低減される現象のことである。これにより、水中で飛翔体が高速飛翔することが可能となる。スーパーキャビテーション現象を利用して、水中抵抗を低減したスーパーキャビテーション弾により、離隔または無人で水際障害物（水際地雷等）を処理したり、水中を高速航行する魚雷や潜水艦への対処を行ったり等、これまでの戦闘様相を一変させるゲームチェンジャーとなる可能性を秘めている。

　陸上装備研究所 弾道技術研究部 弾道要素研究室が所掌し取り組んでいる弾

薬技術のうち、いわゆるゲームチェンジャーとしての二つの技術、将来弾薬技術としてのHVPとスーパーキャビテーション弾について、以下に紹介する。

2.2 超高速飛翔体（HVP）

(1) 諸外国の研究開発状況

　米海軍は2005年からEMRGの研究開発を実施している。当初、上陸作戦を実行する海兵隊を支援するための水上射撃支援としてEMRGを研究開発していたが、その後、対ミサイル（巡航ミサイル、弾道ミサイル）防空用としても開発を実施している。初期の試作品の試験後、米海軍はBAE Systems社とGeneral Atomics社に資金を提供し、試作品を試製し、研究開発を実施した。これらの試作品は、射程100〜200kmを実現できる十分な砲口エネルギー20〜32MJを達成できる設計であった。

　2014年4月、米海軍は、2016年度中に統合高速輸送艦（Joint High Speed Vessel）にEMRGを一時的に配備して、水上試験を実施すると発表した。2020年代中頃までに、EMRGをズムウォルト級ミサイル駆逐艦（Zumwalt-class destroyer-DDG1002、2016年に就役）に導入する計画であるが、新造艦に本格的に導入するには少なくとも10年以上かかるとしている。

　米海軍が電磁レールガンの研究を推進した当初（2004〜2005年頃）、米陸軍ARL（Army Research Lab）およびARDEC（Armament Research, Development and Engineering Center）においては、徹甲弾タイプのほか、りゅう弾タイプの飛翔体を試作し、実射でさく薬および信管機構（S&A、着発）の確認をしていた。

　電磁レールガンの制約上、HVPの射撃は5 inch Mk45を使い実施されていた（図2-17）。このスピンオフとして、EMRG、5inch Mk45、155mm共用の飛翔体として現在のHVP構想に至る。また米海軍では、HVPは電磁レールガンから射出する装備品として構想されたものの、近年、電磁レールガンに加えて、従来の艦船火砲からも射出する構想に変わってきている。

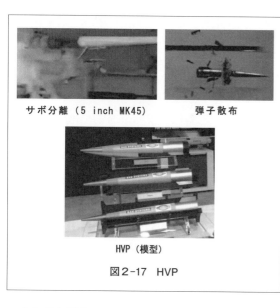

サボ分離（5 inch MK45）　　弾子散布

HVP（模型）

図2-17　HVP

一方、米陸軍では、M109A6 Paladin自走榴弾砲から射出すべく、2015年末に試射を実施した。これまで、直射（水平射撃）でのサボ分離、弾子散布は実施されているが、装備品としての必須機能（火薬による高初速化、耐衝撃電子機器、弾道修正機構等）は、未だ実証されていないと考えられる。

　また現有弾薬の長射程化を図るため、飛翔体の低抵抗化を進めるとともに、高威力化を図るため、高精度で最適な弾頭を投射できるようにする。低コスト化を図るため、複数の口径の火砲およびレールガンシステムへの適合化を進める方向で検討されており、20年先の運用を目指して研究開発されているところである。

　角型ボアを有する電磁砲や円形ボアを有する既存の艦載砲（5inch砲および155mm砲）用弾薬として、米国のSCO（Strategic Capability Office）およびONR（Office of Naval Research）がBAEシステムズ社とともにProjectileの研究を実施している（**図2-18**）[2-17]。

　HVPの弾丸については、極超音速飛翔や低抵抗化が求められていることから、弾丸直径は小さくなる。そのため破片を含む運動エネルギーにより、目標物を破壊・損傷する方式を検討しているものと推測される。HVPはサボ付飛翔体であり、同じ弾丸を異なるボア形状に適用させるため、カップ式サボの適用が検討されている。**図2-19**にHVPの弾丸（サボ付飛翔体）概要を示す。カップ式サボはリング式サボよりサボ質量が増加するため、複合材を用いたサボ軽

図2-18　HVP構想

図2-19　HVP概要

量化技術が使用されているものと推測される。

　なお弾道ミサイルや巡航ミサイル等に対処する目的で、HGWS（Hypervelocity Gun Weapon System）に関する研究が米国のSCOで行われている。HGWSでは米陸軍等の既存火砲まで対象を拡大し、HVPを含むGLGP（Gun-Launched Guided Projectile）といった新たなコンセプトで研究が実施されているものの、詳細は不明である。

(2)　国内の研究開発状況

　一般に、弾丸の高初速化を図るための方法としては、以下の三つが考えられる。

　○火薬のエネルギー量を増やす

　○弾丸を軽量化する

　○レールガンシステムを用いる

　以上を踏まえ、レールガンシステムから射出するHVPの実現に向けて、当研究室において軽量サボ技術の研究を実施している。

2.3　スーパーキャビテーション弾

(1)　技術的課題

　一般に、小口径の弾薬は空中を安定して飛翔するものの、通常、水中を進行するに従って安定性を失い、極端な弾道偏向または弾丸の転倒が起こることが知られている[2-18],[2-19]。スーパーキャビテーション弾により水際障害物を処理する場合、スーパーキャビテーション弾は空中での飛翔安定性に加え、水中での直進性を有する必要がある。そのためには、水中での飛翔体の安定性に関わる理論的および実験的な手法を確立する必要がある。スーパーキャビテーションの実験的手法の確立には、信頼性の高い弾丸経過時刻計測技術および高精度な位置計測を可能とする画像撮影技術が必要であり、この点がスーパーキャビテーション弾の技術的課題である。

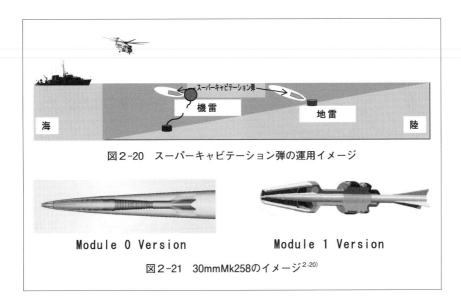

図2-20　スーパーキャビテーション弾の運用イメージ

Module 0 Version　　　　Module 1 Version

図2-21　30mmMk258のイメージ[2-20)]

(2)　諸外国の研究開発状況

　スーパーキャビテーション弾についての研究開発は、**図2-20**に示すように、機雷等の処理を目的として、1800年代後半から各国で開始され、1990年代から装備化され始めた。代表例としては、第2次世界大戦後、B-Ⅵ-307水中拳銃（ロシア）、SPP-1M 4.5mm水中拳銃（ロシア）、Mk 1 MOD 0水中機関銃（米国）、P11水中拳銃（独国）、ASM-DT突撃銃（ロシア）、QBS-06突撃銃（中国）などが挙げられる。

　一方、1993年に米国を中心とした国々により、RAMICS（US Navy's AN/AWS-2 Rapid Airborne Mine Clearance System）プロジェクトが立ち上がり、この中で水中火力装備品に関する研究開発が行われた。本プロジェクトを発端とした装備品としては、現在のPhalanx Mk15 CIWS（Close In Weapon System）などが挙げられる。

　また30mm Mk44ブッシュマスターⅡから発射するスーパーキャビテーション弾として、Mk258があり、水中での飛距離は約100mとされている（**図2-21**）。

53

図2-22　スーパーキャビテーション弾のイメージ[2-21]

(3)　国内の研究開発状況

　一般に、弾丸の飛翔安定性については、以下の三つに分類される。

(a)　静安定または旋動安定性：弾丸姿勢の乱れに対して、復元モーメントが働く状態

(b)　キャビティ静安定性：弾丸先端で生じたキャビテーションバブルに弾丸が被覆される状態

(c)　キャビティ動安定性：弾丸の姿勢変化により、弾丸表面がキャビティ界面と接触しても、反発力により安定する状態

(a)～(c)は弾丸の飛翔安定性の分類基準として活用する必要がある。

　通常の弾丸は(a)については満足するものの、(b)および(c)については満足しない。一方、キャビテーションを積極的に発生させ、弾丸全体が気泡で包まれることにより水中における抗力が低減される、いわゆるスーパーキャビテーション現象を利用したスーパーキャビテーション弾（**図2-22**）については、(b)および(c)を満足する必要がある。このため射撃試験にて水中での弾丸の挙動を確認し、(b)および(c)を満足する弾丸形状を検討する必要がある。

　陸上装備研究所では、スーパーキャビテーション弾に関して、水槽中での弾丸の弾道の観測を目的とした試験を実施した。

　試験に用いた弾丸としては、**図2-23**に示すように、頭部形状と頭部直径との組み合わせで試験を実施した。また試験の器材配置は**図2-24**に示す形とし、側面に開けた窓から弾丸の飛翔状況を高速度カメラで撮影した。試験の結果、

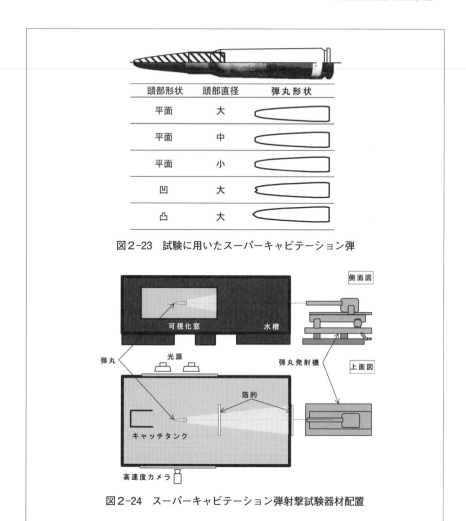

図2-23　試験に用いたスーパーキャビテーション弾

図2-24　スーパーキャビテーション弾射撃試験器材配置

高速カメラで撮影された弾丸と生成したスーパーキャビテーションの様子等を図2-25に示す。

　試験では図2-26に示すように、頭部直径が大きい場合には、水中での挙動が安定する一方、頭部直径が小さい場合にはキャビテーションが弾丸全体を覆えない、またはキャビテーションが発生しないため、基準のうち(2)を満たさな

55

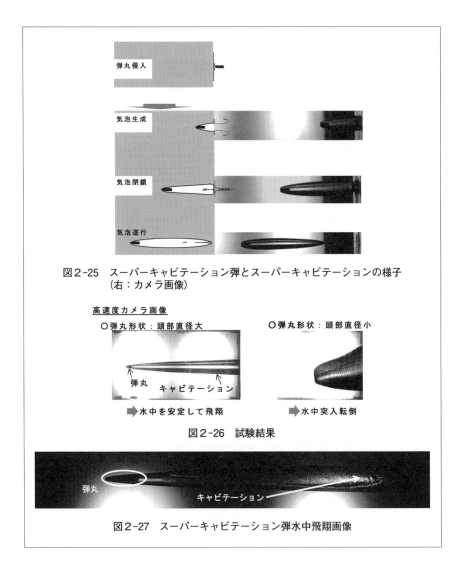

図2-25　スーパーキャビテーション弾とスーパーキャビテーションの様子
（右：カメラ画像）

図2-26　試験結果

図2-27　スーパーキャビテーション弾水中飛翔画像

いことから、水中での挙動が不安定となることが分かった。これは力学的に検
討すると、水中安定の飛翔体は弾軸が傾いた際に重心後方でキャビティ境界と
接触することで復元モーメントが発生することにより、弾道安定化に寄与する
ということが分かる。

56

　また頭部直径が大きい場合には、**図2-27**に示すように水中突入後も安定した弾道を示すことが分かる。

　ここで紹介した将来弾薬技術 HVPおよびスーパーキャビテーション弾は、ゲームチェンジャーとして、将来の戦闘様相を一変させる可能性を有している。今後も注目すべき技術であると考え、研究開発を継続し、将来の優れた装備品の実現につなげていきたいと考えている。

（萩谷　浩之）

3．電気エネルギー方式 電磁パルス弾技術

3.1　電磁パルス弾の概要

　電磁パルス弾は、1962年に米国が上空400kmで核実験を行った際に偶然発見された現象を基に提案されたのが始まりである。当時、上空で起こった核爆発で発生した強力な電磁波により、人の死亡や建造物の破壊は起こらなかったが、爆発地点から半径30km以内の通信網が使用不能になり、半径1,200km以内で通信障害が起こった。この現象から、核兵器を使用せず強力な電磁波を発生させることにより、非殺傷的に攻撃可能な兵器、すなわち電磁パルス弾が考えられるようになった[2-22],[2-23]。近年はインターネットや電波通信が防衛分野でも必須であるため、電磁パルス弾は物理的破壊によらない兵器として着目されている。

　電磁パルスは電子機器内部に侵入することで機能に影響を及ぼす。電子機器内部に電磁パルスが侵入する経路はフロントドアとバックドアの2種類があり、電磁パルスがアンテナを経由して電子機器内に侵入する経路がフロントドア、アンテナを経由しない経路がバックドアと呼ばれる（図2-28）。

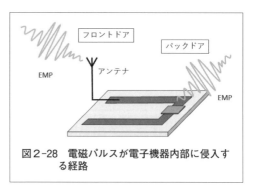

図2-28　電磁パルスが電子機器内部に侵入する経路

　阻害効果は干渉、妨害、障害、破壊の4種類に分類され、最も軽微な効果が干渉、最大の効果が破壊である（表2-1）。

表2-1　阻害効果の分類[2-24]

阻害効果の分類	様　相
干　渉	電磁パルス照射時にのみ、わずかな影響がある
妨　害	電磁パルス照射後、効果は持続するが自然回復が可能
障　害	回復に人手が必要
破　壊	回復にハードまたはソフト等の交換が必要

図2-29　電磁パルス弾の運用イメージと搭載モデル

　各種飛翔体に搭載し、敵部隊等の上空でパルス状の強力な電磁パルスを放射させることのできるものが電磁パルス弾であり、上記の阻害効果を利用して敵部隊の電子機器類を一時的（可逆的）に無力化または恒久的（不可逆的）に故障（破壊含む）させることが可能である。

　近年、各種装備品には精密な電子機器や通信機器等が多数用いられ、部隊の連接行動や情報共有および個人行動把握に必要不可欠となっている。一方、これらの電子機器や通信機器等を一時的に無効化させることができれば、我の作戦行動が優位に進められる可能性が高い。また電磁パルスは「パルスパワー」を用いたノンキネティック対処とも呼ばれ、人員を殺傷することなく戦局を優位に進めることができる可能性を秘めた技術である。**図2-29**は電磁パルス弾の運用イメージである。

3.2　パルスパワーのイメージ

　水でモノを破壊するならば、蛇口から出る水の勢い（パワー）よりもダムの放流で生じる水の勢い（パワー）のほうが適している。同じように電子機器を

故障させるには、強力なパワーを持つ電磁波を照射する必要がある。ところが、そのようなパワーを持つ電磁波を長時間放射するには、ダムのように大きいエネルギーを蓄積できる装置が必要になり、飛翔体への搭載は困難である。一方、サ

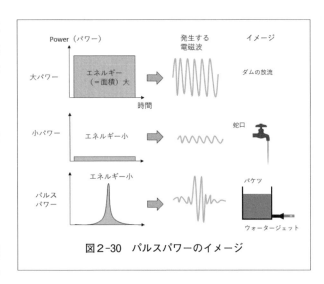

図2-30　パルスパワーのイメージ

イズを小さくすると、蛇口から出る水の勢いのように電磁波のパワーも弱くなり、目的を果たせない。そこで小さいエネルギーを圧縮し、大きいパワーを短時間放出させるパルスパワーの技術を用いることで、装置の小型化と強力な電磁波の両立を目指したのが電磁パルス弾である。バケツに溜めた水をウォータージェットで一気に放出すれば、短時間ではあるが、強力な勢いで水を放出できるイメージである（図2-30）。

3.3　電磁パルス弾の区分

電磁パルス弾は、その電源の方式によって電気エネルギー方式と火薬エネルギー方式の2種類がある（表2-2）。電気エネルギー方式は電気回路用の部品を使用して電磁パルスを発生

表2-2　電磁パルス弾の種類

区　分	電気エネルギー方式	火薬エネルギー方式
イメージ図		
長所	複数回の放射が可能（広範囲へ放射または同一目標への累積放射が可能）	電磁パルスの出力が強い（電気エネルギー方式の数十倍以上が期待できる）
短所	電磁パルスの出力が弱い	放射は1回のみ

させるため、装置が故障しない限り照射を繰り返すことが可能、すなわち広範囲に電磁パルスを放射可能である。一方、火薬エネルギー方式は爆薬を爆発させて電磁パルスを発生させるため、一度しか電磁パルスを放射できないが、電気エネルギー方式の数十倍以上の出力を有する電磁パルスを放射可能と見込まれている。陸上装備研究所では電気エネルギー方式と火薬エネルギー方式のいずれの研究についても取り組んでいるところではあるが、本項では電気エネルギー方式について解説する。

3.4　電気エネルギー型電磁パルス弾頭部の構成

(1)　全般

　電磁パルス弾頭部は種電源、主電源、電磁波発生部および放射部の4部位で構成される（**図2-31**）。

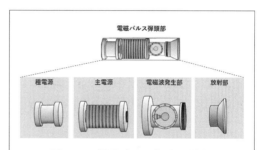

図2-31　電磁パルス弾頭部の構成

(2)　種電源

　種電源は主電源を充電するための電源である。種電源には、短時間で数多くの電磁パルスを放射できるバッテリーが適している。バッテリーのエネルギー密度が大きいほど電磁パルスを放射できる回数が多くなり、出力密度が大きいほど電磁パルスを高頻度で繰り返し放射できるため、両者が大きいほどバッテリーの

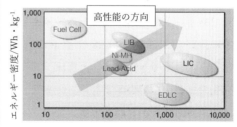

図2-32　市販バッテリーの性能分布図[2-25]

Fuel Cell：燃料電池、LIB：リチウムイオン電池、NI-MH：ニッケル水素電池、Lead-Acid：鉛蓄電池、EDLC：電気二重層キャパシタ、LIC：リチウムイオンキャパシタ

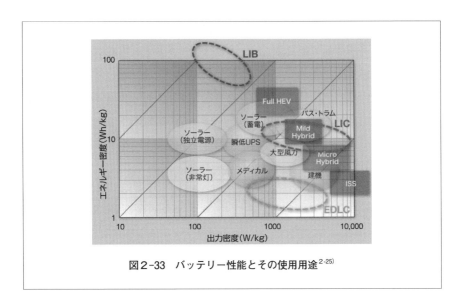

図2-33　バッテリー性能とその使用用途[2-25)]

性能が高い（**図2-32**）[2-25)]。しかし両者はトレードオフの関係にあるため、使用用途に応じてバッテリーが使い分けられているのが現状である（**図2-33**）。

⑶　主電源

　主電源はパルス状の高電圧を発生させ、その電圧を電磁波発生部に印加する部位である。主電源の候補となる技術として、マルクス回路、パルストランス、積重ね線路（stacked Blumlein generator）などが考えられるが、電磁パルスの出力を大きくできるよう、高電圧を発生できる主電源が望ましい。その中で、当研究所がこれまで扱ってきたマルクス回路について説明する。

　マルクス回路の基本は、同電圧で充電したn個のコンデンサを直列に接続すれば、電圧がn倍で出力されることにある。これは、V_0の電圧を

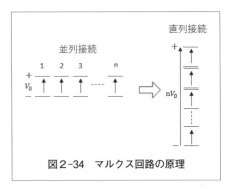

図2-34　マルクス回路の原理

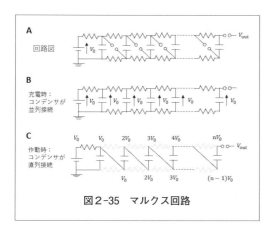

A　回路図

B　充電時：
コンデンサが
並列接続

C　作動時：
コンデンサが
直列接続

図2-35　マルクス回路

n個直列接続すると出力電圧がn倍になるのと同じである（**図2-34**）。回路は少し複雑であるが、二つに分けると理解しやすい（**図2-35**）。マルクス回路を充電しているときは、各コンデンサが抵抗を介して並列に接続されている形で充電が完了して、スイッチがオンになると、各コンデンサが直列に接続されている形となり、出力の電圧が充電電圧のn倍になる。

⑷　電磁波発生部

　電磁波発生部は主電源で発生したパルス状の高電圧を受け、電磁波を発生させる部位であり、様々な手法が提唱されている（**表2-3**）。ここでは高出力電磁パルスの発生が期待でき、かつ先行事例が多く当研究所でも検討している仮想陰極発振について解説する。

　電子源である陰極の付近に網目状の陽極を設置すると、陰極から放出した電子が陽極に向かって加速される。陽極が網目状のため、電子は陽極を通過する

表2-3　電磁波の発生方式

名　称	仮想陰極発振[2-26]	磁気絶縁発振[2-27]	ギャップ放電[2-28]
図			
出　力	高（～GW）	高（～GW）	中（数10MW）
周波数帯域	中	狭	広
技術的難度	難	難	易

が、一定以上進行した位置に多数の電子が蓄積し、電子の集合体である仮想陰極が形成される。発生する電磁波には、仮想陰極の振動によるものと陰極と仮想陰極の間の電子の往復運動によるものの2種類があると考えられている（**図2-36**）。

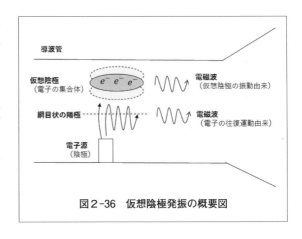

図2-36　仮想陰極発振の概要図

(5) 放射部

　放射部を構成するアンテナには様々な種類がある[2-29),2-30)]。仮想陰極発振は真空管内で起こり、また真空管は導波管の役目も果たすため、放射部は導波管と接続できる形式が良い。導波管と接続しやすいアンテナの候補にはパラボラアンテナとホーンアンテナがある。小型化はホーンアンテナが行いやすいため、当研究所ではホーンアンテナを採用している。

　放射部は電磁波の放射方向を一定方向に絞ることで、電磁波の出力を増加させる。**図2-37**は、原点Oに1Wの電磁波源を置いた時の電磁波の放射の概略図である。電磁波は3次元的に空間へ放射されるため、放射部が無い場合、原点から距離rだけ離れた点aの放射密度は、放射電力を球の表面積で割った1 $W/4\pi r^2$になる（**表2-4**）。一方、利得が10倍（利得が10dBi）のアンテナを設置すると、放射方向は狭まるが、点aでの放射

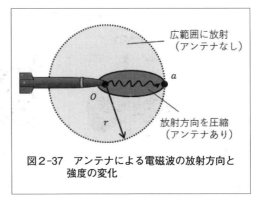

図2-37　アンテナによる電磁波の放射方向と強度の変化

密度は10倍になる。点aから原点Oを見ると、アンテナが無い状況下で10Wの電磁波源が原点にあるのと同じ状態である。この10Wがこの条件下での有効放射電力となる。そのため放射部で放射方向をどれだけ絞れるかが、構造検討の要となる。

表2-4　アンテナ有無による放射密度と有効放射電力の比較

	アンテナ無し	アンテナあり（利得10dBi）
点Oの放射電力	1 W	
点aの放射密度	$\dfrac{1 \text{ W}}{4 \pi r^2}$	$\dfrac{10 \text{ W}}{4 \pi r^2}$
有効放射電力（点aから見た点Oの見かけ上の放射電力）	1 W	10 W

3.5　電磁パルス弾に関する各国の動向

　電磁パルス弾については各国とも限られた情報しか開示していないため、不明な点が多い。表2-5に開示されている情報から作成した内容を示す。

　電磁パルス弾に採用している方法について、米国[2-31]〜[2-34]と日本は電気エネルギー方式と火薬エネルギー方式の両方を、韓国は電気エネルギー方式を、他国は火薬エネルギー方式を採用している模様である。米国、ロシア、中国、ウクライナ、イスラエルは装備品または開発品を公表済みであり、技術的な遅れを防止するために日本も早急な技術開発が求められている。

表2-5　各国の動向

国　名	採用している方法	構　造	放射電力	装備品または開発品の公表の有無
米国	電気エネルギー方式	不明	不明	有
	火薬エネルギー方式	爆薬発電機＋仮想陰極発振	不明	有
ロシア[2-35]	火薬エネルギー方式	爆薬発電機＋仮想陰極発振	不明	有
中国[2-36]	火薬エネルギー方式	不明	不明	有
ウクライナ[2-37]	火薬エネルギー方式	爆薬発電機＋磁気絶縁発振	2.4GW以上	有
イスラエル[2-39]	火薬エネルギー方式	不明	不明	有
韓国[2-38]	電気エネルギー方式	マルクス回路＋仮想陰極発振	1GW以上	無
日本	電気エネルギー方式	マルクス回路＋仮想陰極発振		無
	火薬エネルギー方式	爆薬発電機＋仮想陰極発振		無

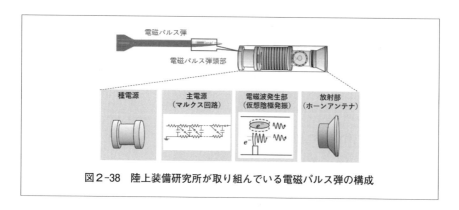

図2-38　陸上装備研究所が取り組んでいる電磁パルス弾の構成

　次世代装備研究所では、電気エネルギー方式に関しては主電源にマルクス回路、電磁波発生部に仮想陰極発振、放射部にホーンアンテナを搭載採用した電磁パルス弾に取り組んでいる（**図2-38**）。装備品または開発品を公表済みの諸外国から技術的に遅れることを防止するために電磁パルス弾の研究開発は急務であり、火薬エネルギー方式と電気エネルギー方式を両輪とした電磁パルス弾の研究開発を加速させ、早期実用化に向けた取り組みを推進しているところである。

（卜部　玄）

4．将来砲レールガン～電磁加速技術の可能性～

4.1　レールガンの概要

　レールガンは火薬ではなく電気のエネルギーを利用して弾丸を発射する将来砲であり、火薬を使用する火器では実現が困難な初速[i]を達成可能な火器として、米国[2-39),2-40)]をはじめ欧州[2-41)]や中国[2-42)]、ロシア[2-43)]、トルコ[2-44)]等の国々で研究が進められている。

　火薬を用いた従来火器は、**図2-39**に示す通り火薬の持つエネルギーを利用して弾丸を加速し射撃を行うものであるが、高初速になるほど弾丸の質量に対する発射薬[ii]の割合が大きくなり、加えて発射薬を収めその燃焼時の圧力に耐える火器にすると、実用的な大きさの火器とする場合にはある一定以上の初速を出すことが難しくなる[2-45)]。一方で、レールガンは電気エネルギーを利用することにより、従来火器の中でも高初速な弾丸を射撃する戦車砲（約1,750m/s[2-46)]）をも上回る初速を実現し、火器の可能性を更に広げるものとして期待されている。

　ここでは、レールガンを含め電気エネルギーを利用した加速方式について紹介しつつ、現在陸上装備研究所で進めているレールガンの研究について説明する。

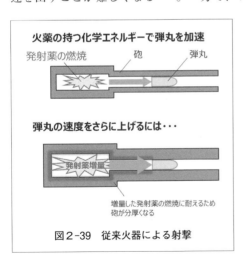

図2-39　従来火器による射撃

---

i)　初速：砲による射撃において、弾丸が砲口を離脱する際の砲口位置における速度
ii)　発射薬：火器から弾丸を発射するために使用する火薬

4.2 電磁力を用いた加速方式

電気エネルギーを利用した加速方式として、電磁力を主に利用するものを紹介する。また電磁力による加速は外見からはその違いが分かり難いため、比較を交えながら説明する。

⑴ レールガン（Railgun）

レールガンの基本的な構造としては、**図2-40**に示す通り2本の導体レールとその間に挟まれる形で置かれる電機子と呼ばれる導体から構成される。この電機子はレールとは接しているものの固定されておらず、レール間を擦りながら移動できるようになっている。

電源を2本のレールに接続した際には、電流が一方のレールから電機子を通り、もう一方のレールに流れるような回路ができ上がる。このとき、レール中を流れる電流が作り出す磁束とそれに直交する形で電機子に流れる電流の間に、フレミングの左手の法則にならい電磁力が発生する。この力により電機子はレールに沿って加速される。電機子に弾頭を付けて加速、発射できるようにすることで火器としてのレールガンとなる。

⑵ コイルガン（Coilgun）

コイルガンはレールガンと同じく電気エネルギーを利用して飛しょう体を加速、発射する装置である。コイルガンには強磁性体（鉄等）をコイルの磁力で吸引して発射するリラクタンス型や、非磁性体（銅やアルミ等）をコイルによる磁界で誘導電流を生じさ

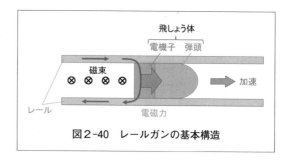

図2-40　レールガンの基本構造

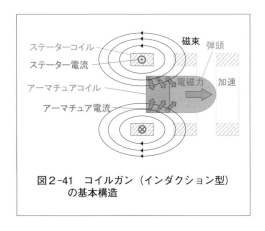

ステーターコイル
ステーター電流
磁束　弾頭
アーマチュアコイル
電磁力　加速
アーマチュア電流

図2-41　コイルガン（インダクション型）
の基本構造

せ、その電流とコイルの磁界により生じる電磁力で発射するインダクション型等いくつかの種類がある。ここではインダクション型について紹介する。

　インダクション型のコイルガンの構造は誘導モーターの構造に近く、**図2-41**に示すようにモーターで言う固定子に相当するステーターコイルと回転子

（電機子）に相当するアーマチュアコイルからなる[2-47]。アーマチュアコイルがステーターコイルの加速軸方向の中心から加速方向へ少しずれた位置において、ステーターコイルに電流を流すことでアーマチュアコイルに誘導電流が発生し、磁界と誘導電流との間で生じる電磁力により飛しょう体を加速する。実際には複数のステーターコイルを加速する方向に並べて配置し、アーマチュアコイルの飛しょう位置に合わせて電流を流すステーターコイルを切り替えて加速する。

　レールガンとの大きな違いは、加速の際に作られる電流のループ（回路）の数があげられる[2-48]。レールガンは基本的には2本のレールと電機子で作られる一つの電流のループのみ生成し、その電流波形によって電磁力を変化させ加速を制御する。一方、コイルガンは複数配置されたステーターコイルに順次作られる複数の電流のループによって、電磁力を飛しょう体に繰り返し与え、加速を制御するという点で相違点がある。またコイルガンは加速装置と飛しょう体が電気的に接触していない状態（機械的に非接触の状態）でも加速できる点も違いとしてあげられる。

(3)　リニアモーターカー（Linear Motor Car/Train）

　火器ではないものの、電磁力を利用した加速方式（推進方式）としてリニア

モーターカーについて紹介する。リニアモーターカーは名前の通り直線型のモーターにより駆動力を得る鉄道車両として開発されている。

リニアモーターは、扇風機などにも使用されている円筒形状の回転型のモーターを直線状に展開したような形となっており、直線運動が行えるものである。その種類として回転型のモーターと同様の種類が存在する。中でもリニアモーターカーに多く採用されているものにリニア誘

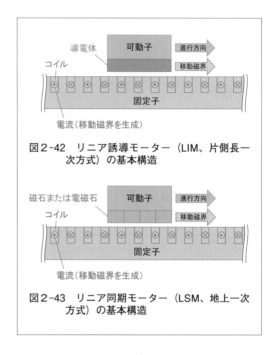

図2-42　リニア誘導モーター（LIM、片側長一次方式）の基本構造

図2-43　リニア同期モーター（LSM、地上一次方式）の基本構造

導モーター（Linear Induction Motor：LIM）とリニア同期モーター（Linear Synchronous Motor：LSM）があり[2-49]、日本の超電導リニアモーターカーには高速運転時に効率が高いLSMが採用されている[2-50]。

　誘導モーターや同期モーターの構造等についての詳しい説明は割愛するが、LIMは**図2-42**に示すように回転型モーターで言うところの固定子に電流を流して移動磁界を発生させ、導電体を持つ回転子に相当する可動子に誘導電流を生じさせることで、推進力となる電磁力を発生させる仕組みとなっている。LSMは**図2-43**に示すように可動子が永久磁石または電磁石等を持ち磁界を発生させ、固定子が生成する移動磁界に吸引されることで推進力を得ている。

　なお米海軍で開発されているような航空母艦から航空機を発艦させる際に用いられるカタパルトの一方式である電磁式カタパルト（Electro-Magnetic Aircraft Launch System：EMALS）は、このようなリニアモーターの技術を利用して航空機の射出を行うものである[2-51),2-52)]。

4.3 陸上装備研究所におけるレールガン研究

⑴ 電磁加速システムの研究

　陸上装備研究所において平成28年度から令和4年度にかけてレールガンの研究として電磁加速システムの研究を行っている。本研究では口径40mmのレールガンにおいて初速2,000m/s以上、砲身命数120発以上を目標性能に設定し、技術課題の解明を行っている。レールガン本体である砲部と発射される弾丸部、レールガンに電力を供給する電源部について試作し、射撃試験を実施することによりその性能を確認する。

ア　研究試作

　目標性能を達成するため、レールガンシステムを構成する砲部、弾丸部、電源部について砲内加速における技術課題の解明を主眼として試作を行った。

①砲部

　砲部は電源部から供給される電力により弾丸部を加速させる装置であり、その構成として図2-44に示す通り、弾丸部に電力を供給する導電レールを持つ砲身部、弾丸部に供給する電力を電源部から受ける給電部および、それらの構造を支える架台部からなる。

a．砲口側

b．砲尾側

図2-44　砲部構成

　砲身部は弾丸を電磁加速する際に生じる2本のレール間の反発力に耐える強度を持つ砲身構造が必要となる。火薬を用いた従来火器では、砲身内面に対して燃焼によって生じたガスの圧力がほぼ均等に作用する。一方、レールガンでは2本のレールに流れる電流によってそれぞれに生じる反発力によりレール同士が開く形で砲身に圧力がかかるという特徴があるため、その圧力に耐えうる構造が必要となる。

　本研究においては計測や分解整備等を実施しやすくするため、砲身をボルトによって締結して構造を維持する組立型砲身構造を採用している。砲身構造はこの他にもレール構造に対してボルトを使用せず繊維強化プラスチック材等により強度を確保した一体型砲身構造があり、分解については組立型砲身構造に比べ困難なものの、砲身を軽量化できるという特長を持っている。またレールは、その素材や配置によってエネルギー変換効率[iii]やレールエロージョン[iv]に大きく影響するため、重要な構成品である。本研究においては新たに銅をベースとした合金の採用の他、試作過程で実施した射撃試験によりレール表面の電流密度とレールエロージョンに正の相関がある傾向を確認したことから、電流密度を下げつつ目標初速を達成するため砲内磁束を強化するようレール配置の改善を行っている。

　給電部は電源部から送られる電力を受けて砲身部に伝達するもので、電源部から引かれる多数の送電ケーブルを接続できる構造を有している。各送電ケーブルから電力を砲身部に伝達する際、できるだけ電気的に等価になるよう、本試作においては円形の構造により等距離の同心円状に送電ケーブルを接続し、円の中心に配置している砲身部へと伝達する。

　架台部は砲身部と給電部を構造的に支え、射撃時の駐退復座[v]を行う機能を持つ。レールガンは発射薬を使っていないため射撃の反動がないと言われる

---

iii）　エネルギー変換効率：電源部に充電したエネルギーから弾丸の砲口離脱時の運動エネルギーへ変換された割合
iv）　レールエロージョン：弾丸の加速時に生じる熱や摩擦によって引き起こされる導電レール表面の損耗
v）　駐退復座：火砲の発射反動のエネルギーを吸収する、発射方向とは逆方向に動く部品（後座体）の動き（駐退）と、それが元の位置に復帰する動き（復座）

こともあるが、実際には弾丸という質量を砲から発射している以上、その運動量に見合った反動を受けることから、砲を保護しつつ安定して射撃を行うためには駐退復座装置が必要となる。

②弾丸部

弾丸部は砲身部より電力を供給され、生じた電磁力によって加速、発射されるもので、数ミリ秒程度の短い時間に2,000m/s以上の速度まで加速される。この際の加速度は10万G前後となり従来の火器（口径155mmの榴弾砲で約１万５千G [2-53]）に比べ１桁大きい加速度が掛かるため、その加速度に耐える設計が必要となる。また戦車砲弾のように装弾筒[vi]を持つ場合には、装弾筒自体も加速度に耐え、かつ砲口を離脱した際には目標に向かう弾心に干渉することなく分離する必要がある。

レールガンにより加速される弾丸であることから、レールと接触して通電することで電磁力を受ける電機子を持つ。電機子の方式として、固体電機子方式とプラズマ電機子方式の主に二つの方式がこれまで研究されてきている。固体電機子方式はその名の通り電機子が金属等の導電性の固体でできており、レールと機械的に接触しながら電気的な導通を保つことで回路を形成し、電機子に生じた電磁力により弾丸を加速して発射するものである。プラズマ電機子方式は弾丸の後部に金属箔のような薄い導体を用意して、大電流を流すことでアブレーションプラズマを発生させ、プラズマを介して流す電流とそれに伴う電磁力および熱にて生じるプラズマの圧力により、弾丸を押し出し発射するものである。

それぞれの特徴として、固体電機子方式は電気抵抗の少ない金属を使うことで電機子部分における熱損失が低くエネルギー変換効率が良いことと、プラズマ電機子方式に比べてレールが高温にさらされにくいことからレール耐久性を確保しやすい利点がある。一方、固体であるため加速中にレールとの接触不良を生じることがあり、形状等の工夫が必要である。プラズマ電機子方式はプラ

---

vi）　装弾筒：口径より小さい弾心を砲内において保持し、砲口離脱後には弾心から分離する保持体

ズマがガスのようにふるまうため接触不良を起こしにくく、固体電機子に比べ高速度まで加速しやすい利点がある。一方、プラズマの2万～3万Kという非常に高い温度によりレール等に損耗を生じやすくレール耐久性に課題があること、加速中に砲内の圧力によって砲尾側に押し出されたプラズマに電流が流れてしまうリストライクと呼ばれる現象によりエネルギー変換効率が悪化する課題がある[2-54]。

本研究においてはエネルギー変換効率やレール耐久性の観点から図2-45に示すように電機子については固体電機子方式を採用している。また接触不良を防止するため、形状がアルファベットの"C"に似た2本の足を持つ形状のC型電機子としている。図2-46にC型電機子の加速シミュレーションの例を示す。この足とレールが接触した状態で電流を流すことで電磁力が発生し電機子を加速するが、このとき電機子に流れる、レールに対して直交する成分の電流が電機子を砲口側に加速する電磁力を生じる。また電機子の足を流れるレールに対して平行な成分の電流が、足をレールに押しつける電磁力を発生させ安定した接触状態を保つような仕組みとなっている[2-55]。

試作した弾丸は図2-47に示す

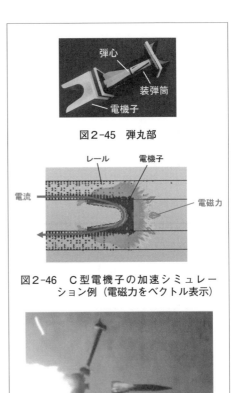

図2-45　弾丸部

図2-46　C型電機子の加速シミュレーション例（電磁力をベクトル表示）

図2-47　砲口離脱後の弾丸部の状況

ように砲口離脱後に弾心から装弾筒、電機子が分離し、弾心のみが標的に向かって飛しょうする。

③電源部

　電源部は砲部に対して電力を供給する装置であり、レールガンの射撃に必要な電気エネルギー（数百kJ〜MJ程度、弾丸質量・初速による）を貯蔵し、短時間（数百マイクロ秒〜数ミリ秒）で放出する機能を持つパルス電源である。レールガンのパルス電源においては、このような機能を満たす大容量、高出力、高速応答、高耐久性を持つ蓄電デバイスおよびスイッチングデバイスが求められている。

　蓄電デバイスとして用いられている方式としては、コンデンサ（キャパシタ）方式、インダクタ方式、フライホイール方式等がある。表2-6にそれぞれの充放電能力に係る特徴について示す。

　コンデンサ方式はその名の通りコンデンサに静電エネルギーの形でエネルギーを貯蔵し取り出す方式で、非常に高い質量エネルギー出力密度[vii]を持ち高出力であるが、質量エネルギー密度[viii]が低いためデバイスの規模に対して蓄電容量が小さいという特徴がある。インダクタ方式はコイル等に電流を流した際に生じる磁界を利用して、磁気エネルギーの形で蓄えられるエネルギーを取り出す方式で、コンデンサ方式に比べて質量エネルギー密度が高いもののコ

表2-6　蓄電デバイスの充放電能力に係る特徴の比較

	コンデンサ方式	インダクタ方式	フライホイール方式
質量エネルギー出力密度	◎	○	△
質量エネルギー密度	△	○	◎
エネルギー保持時間	○	△	◎

◎：優、○：良、△：可

vii)　質量エネルギー出力密度：単位質量あたり発揮できる出力（単位：W/kg）
viii)　質量エネルギー密度：単位質量あたりに貯蔵できるエネルギー量（単位：J/kg、Wh/kg）

イル内での抵抗による損失のため、長時間のエネルギー保持が難しいという特徴がある。フライホイール方式は弾み車を回転させて運動エネルギーの形でエネルギーを貯蔵し取り出す方式で、非常に高い質量エネルギー密度を持ち貯蔵したエネルギーを長時間保持できる一方、質量エネルギー出力密度が低めという特徴がある。

　レールガンのパルス電源としては扱いやすさや応答性、モジュール化が容易という点で現在はコンデンサ方式が主流となっている。

　スイッチングデバイスとして、ここではコンデンサ方式で用いられることの多い短絡スイッチ[ix]について取り上げる。過去には機械的なスイッチであるギャップスイッチが用いられていたが、現在では技術の進歩により性能が向上した半導体スイッチが主流となっている。ギャップスイッチは隙間（ギャップ）を設けて設置した二つの電極間にガス等を任意の圧力で充てんし、その絶縁破壊を利用することで導通を取る仕組みであり、充てんする圧力によって容易に放電電圧を調節できる。しかし、絶縁破壊を利用する仕組み上、小型化が難しく、また放電現象を利用していることから電極が損耗しやすくスイッチとしての耐久性が低いという特徴がある。半導体スイッチは前述のような損耗が基本的に発生せずギャップスイッチに比べて小型であるため、パルス電源の耐久性向上や多モジュール化が容易である。

　このような半導体スイッチの採用により、従来は**図2-48**に示すような少数のモジュール（コンデンサユニット）による一括放電方式で電磁加速を行っていたところ、**図2-49**に示すような多数のモジュールを利用した分割放電方式により細やかな電力制御が可能となった。このため、射撃諸元の変更や弾丸加速度の調整等、より自由度の高い電磁加速が行えるようになっている。

　本研究で使用するパルス電源はコンデンサ方式を採用している。これは、24個のモジュールから構成され、各モジュールが持つ半導体スイッチにより放電を制御しレールガンに電力を供給する。**図2-50**はコンデンサを収めた電源部

---

ix）　短絡スイッチ：ある回路を機能または停止するために短絡（OFF → ON）するスイッチ

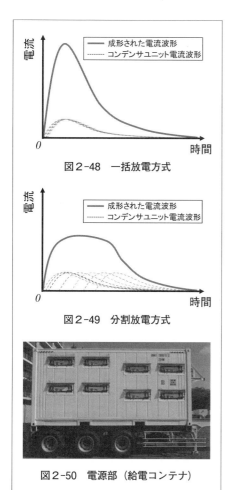

図2-48　一括放電方式

図2-49　分割放電方式

図2-50　電源部（給電コンテナ）

の給電コンテナである。このコンテナ３台に収められた24個のモジュールにより、５MJのエネルギー量を貯蔵して射撃に用いる。５MJというエネルギー量は身近な家電で例えると、消費電力1,400W程度のドライヤーを約１時間使用した際のエネルギー量（1,400［W］×3,600［s］＝5,040,000［J］≒5［MJ]）とほぼ同等となり、小さいとはいわないものの非現実的な大きさのエネルギー量ではないといえる。もっとも、このエネルギー量を数ミリ秒という短時間で使用することにより瞬間的にGW級の電力を扱うことになるため、相応の技術が必要となる。

イ　射撃試験状況

　研究試作したレールガンについて目標性能の初速2,000m/s以上、砲身命数120発以上の性能を有していることを確認するため射撃試験を実施している。ここではその試験結果の一部について説明する。

　射撃試験においてはレールガンを防衛装備庁下北試験場の試験砲座に据え付け、屋外での射撃を実施した。計測系としてはレールガンの砲身部に取り付けたB-dotプローブおよびコイル線的と呼ぶ磁界の変化を計測するセンサを利用して、砲身内を加速する電機子による磁界の変化からその通過時間を検知し、センサ間の速度を求め初速を導出している。またレールに与える電流電圧の計

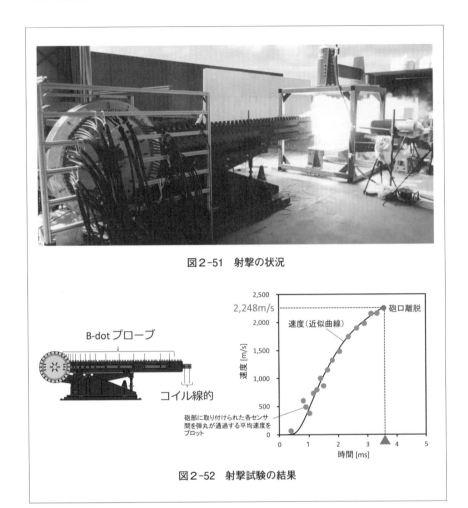

図2-51 射撃の状況

図2-52 射撃試験の結果

測、ハイスピードカメラ等による弾丸の飛しょう状況撮影、射撃後のレールの
損耗状況の計測等を行うことで評価を実施している。

　射撃の状況および射撃試験の結果の一例について、それぞれ**図2-51**および
図2-52に示す。

　図2-52より、目標性能である初速2,000m/s以上で射撃可能な設計であるこ
とを確認した。レールの耐久性については現在試験を通じて性能を確認してい

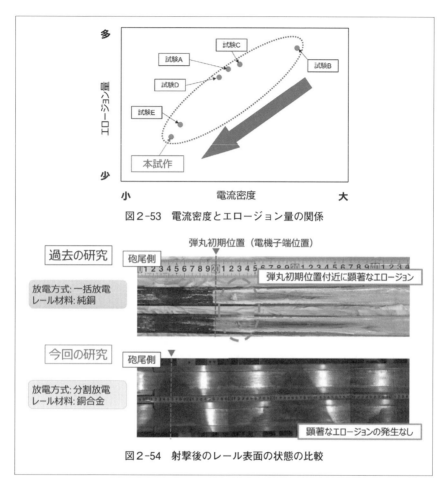

図2-53　電流密度とエロージョン量の関係

図2-54　射撃後のレール表面の状態の比較

るところであるが、研究試作の成果として**図2-53**に示す通り、電流密度と耐久性に影響を及ぼすエロージョン量の間において相関があることを確認している。**図2-54**に示す通り、電流密度を低減しつつ高初速化した設計としている本試作のレールガンは、過去の研究に比べエロージョンが低減されていることを確認しているため、目標性能の砲身命数を達成する見込みである。

⑵　**将来レールガンの研究**

電磁加速システムの研究の成果を基に、早期実用化に向けた技術課題の解明のため、令和4年度から将来レールガンの研究を実施している。将来レールガンの研究では新たに連射のための技術課題、弾丸の砲外・終末弾道における技術課題、レールガンシステムとして想定される機能・性能を発揮するようシステムインテグレーションに関わる技術課題および電源の小型化につながるエネルギー効率化の技術課題について解明する計画となっている。

本研究においては**図2-55**および**図2-56**に

図2-55　レールガンによる防空構想

図2-56　レールガンによる対艦・対地構想

示すように、極超音速誘導弾等のような新たな経空脅威に対抗する防空や、長距離の対艦・対地射撃の実現につながる技術を確立する[2-56]。

本項ではレールガンをはじめとした電磁力を利用した加速方式の紹介と、陸上装備研究所において実施している電磁加速システムの研究および将来レールガンの研究について説明した。

レールガンは従来火器の初速を大幅に上回る革新的な火器であり、高初速ゆ

えの長射程・高威力を活かし、従来火器では対処難易度の高い脅威や新たな運用方法を確立できる可能性を秘めた将来砲である。実用化に至るまでには解明しなければならない課題があるものの、着実に研究を進め、早期に実用化できるよう取り組むことが重要である。また日本国内の技術の養成や先進的な技術を取り入れる等、早期実用化につながるよう効率的に進めていきたいと考えている。

（橋本　光太郎）

第3章

装甲防護関連の先進技術

1. アクティブ防護システム（APS）技術と多種目標対処弾技術

1.1 アクティブ防護システム（APS）技術

⑴ APSとは

APS（Active Protection System）とは、ロケット弾や誘導弾等による敵の攻撃に対して迎撃または妨害措置をとることで戦闘車両を守るシステムである。

従来、戦闘車両は敵からの攻撃に対して鋼鉄をベースとした、強靭な装甲によるパッシブ防護によってその被害を減殺してきた。しかし使用される火器の威力の増大に対し、装甲材料の改良による能力の大幅な向上は望めないため、基本的には装甲の厚みを増やすことで、その脅威に対応してきた。その後、複合装甲や爆発反応装甲等も開発されたが、重量的な制限等から搭載できる車両は限られていた。

現在は個人携帯型の火器の発達に伴い、戦車を行動不能にできる威力を有するものが多数出現している。RPG-7シリーズ（**図3-1**）に代表されるこれらの火器は安価に入手可能で、持ち運びも容易であるため、テロ攻撃等にも使用されることがあった。これらの脅威に対応するために車両にさらなる装甲を搭載するには、重量増加による機動性の低下等のデメリットも大きいことから新たな防護手段が求められてきた。このような背景のもとで登場したのがアクティブ防護で

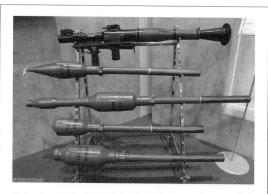

図3-1　RPG-7発射機（最上段）と種々の専用弾薬[3-1]

あるAPSである。APSはパッシブ防護と比較して、重量の増加を抑えつつ車両全体を防護することができるため、従来のパッシブ防護に加えて多層的に車両を防護することが可能となる。

ここではAPSの基本的事項について説明した後、使用される主要な二つの技術、つまり脅威を見つけ出しその位置を特定する検知・標定技術と、脅威を迎撃または妨害するための対処技術について、わが国や諸外国の動向等を交えながら簡単に解説する。

APSは最新の技術を結集した新しいタイプの装備品だと思われがちだが、その歴史は意外と古く、ロシアのKBP社が開発し1983年に装備化されたDrozd（図3-2）が世界で初めてのAPSといわれている。Drozdを装備した戦車は、砲塔に1対のミリ波レーダをもち、ロケット弾などの脅威目標を検知すると、システムが迎撃時刻および角度を計算した後、左右それぞれに設置された四つの固定された発射管から1発の迎撃体を発射する。迎撃体は約7m飛しょう後に起爆し、破片効果によって脅威目標を迎撃する。その効果はアフガニスタンにおいて約80％の迎撃確率を誇ったとされているが、自身の迎撃体が起爆することによる周囲の味方への被害、いわゆる副次的被害が大きいことが問題視された。

その後APSはアジア、米国、ヨーロッパ、アフリカの各国でも研究開発が行われているが、非常に短い時間で検知や対処に関する一連の動作を完了させなくてはいけないという技術的なハードルの高さも相まって、わが国を含め装備化に至っていない国が多い。

図3-3に一般的なAPSのシステムシーケンスを示す。例えば、脅威目標としてPG-7VMを想定し、最大有効射程である300m先から発射された場合、脅威の発射から迎撃成功までの一連のシステムシーケンスを、約1秒以下で完了させなければ

図3-2　T-55ADに装備されたDrozd[3-2]

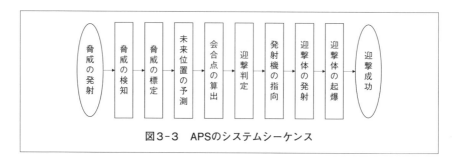

図3-3　APSのシステムシーケンス

ならない。また諸外国におけるほとんどのシステムにおいて対処可能な弾種は、ロケット弾や対戦車誘導弾に限られているが、将来的には運動エネルギー弾に対処可能なシステムが期待されている。

(2)　検知・標定技術

APSに用いられる検知・標定センサとしてはレーダ方式が最もポピュラーである。これはセンサに求められる要件として、昼夜間や悪天候を問わずに脅威の発射や接近を検知でき、その飛しょう位置（距離・角度）および速度を標定できることが挙げられ、レーダ方式がこれらを満たしているからである。比較的小さい飛しょう体を100m以上の距離で検知しつつ、高精度で標定する必要があるため周波数帯域にはミリ波帯が用いられることが多い。また早期に脅威の発射を検知するために赤外線センサを用いる等、動作原理が異なるセンサを2種類以上複合し、検知・標定に関する堅牢性を高めているシステムも存在する。

ここではAPSに用いられる基本的なレーダ方式であるパルスドップラ方式とFMCW（Frequency Modulated Continuous Wave）方式、さらに陸上装備研究所で試作したレーダ方式に採用された多周波CW方式の特徴について紹介する[3-3]。

(a)　パルスドップラ方式

パルスドップラ方式はパルス変調された短パルス信号を送信する方式である。本方式は電波を送信してから反射信号が得られるまでの時間差から距離を、

受信したパルスの位相の変化を信号処理して得られたドップラ周波数から速度を算出する。距離分解能がパルス幅に依存するため、短パルスを受信するためには広帯域受信機が必要となるため、高速の信号処理が必要となる。なお、この方式はパルス幅によるブラインド領域が存在するため、近距離の距離算出は不可能である。

(b)　FMCW方式

FMCW方式は時間の経過に応じて周波数が直線的に変化するように変調をかけた電波を送信する方式である。送信波と受信波をミキシングして得られるビート信号の周波数および位相の変化を信号処理することで距離および速度を算出する。パルスドップラ方式に比べ小さい帯域幅で等しい距離分解能が得られ、また信号処理も低負荷となるため比較的安価に機器を構成できる。しかし、クラッタの影響により物体を検知できない領域が発生するため、アルゴリズムに工夫が必要となる。

(c)　多周波CW方式

多周波CW方式は時分割で切り替えて異なる複数の周波数の電波を送信する方式である。FMCW方式と同様に、ビート信号の周波数および位相差から距離と速度を算出する。その特徴として、FMCW方式と比較して狭い帯域幅で同等の精度を得ることができる。さらに対象との距離に応じて使用するデータを選択することで、遠距離の測定が可能となるとともに近距離では高精度の測定結果を得ることができる。

(3)　対処技術

APSは脅威への対処方式によって、ソフトキル方式とハードキル方式の2種類に分類される。ソフトキル方式は対戦車誘導弾などの誘導武器に対してのみ有効な手段であり、これらが誘導に用いるセンサを欺瞞・かく乱することで、自車にむけた誘導を妨害するものである。後述するハードキル方式に比べて、

構成品が少なく安価であるため、複数の手段を複合して車両を防護することもある。ただし、ソフトキル方式はPG-7Vのような無誘導のロケット弾には効果がないため、各国ではハードキル方式に注力して研究開発が進められている。

図3-4 T-90に装備された「Shtora-1」[3-4)]

⒜ ソフトキル方式

ソフトキル方式の例としてロシアのElectromashina JSC社「Shtora-1」を示す（**図3-4**）。本システムは2種類のレーザ警戒装置によって脅威の接近が検知されると、二つのギミックによってその誘導を妨害する。まずは赤外線やレーザを遮断する特殊な粒子状の煙幕弾を射出し、レーザ誘導ミサイルや赤外線誘導ミサイルの誘導制御を妨害するとともに、赤外線誘導ミサイルに対しては、搭載した2基の赤外線ライトから赤外線パルスを発振することで誘導制御をかく乱する。

⒝ ハードキル方式

ハードキル方式はその名のとおり、物理的に脅威を破壊する方式である。その方法は多様であるが、発生させた爆風や破片、EFP（Explosively Formed Penetrator）等を脅威に作用させることで、弾頭を起爆させたり、起爆機能や飛しょう能力を喪失させるものが一般的である。各国の方式について一覧で示す（**表3-1**）。

迎撃体の方式は、迎撃弾や誘導弾を発射する方式と車両上で起爆させる方式

に大別される。迎撃体を発射する方式は、車両から5mから10m程度離隔して迎撃体を起爆させるので、自車への副次的被害が比較的小さくなる。しかし、迎撃体を一定距離飛

表3-1　各国のAPS（ハードキル方式）

名　称	アクティブ防御システム構成要素の研究試作	Arena[3-5)]	AMAP-ADS[3-6)]	Quick Kill[3-7)]	Trophy-HV[3-8)]
国　名	日本	ロシア	独国	米国	イスラエル
迎撃体	発射	発射	車両上起爆	発射（誘導弾）	車両上起爆
発射機	旋回	固定	固定	固定	旋回
対　処	威力制御型マルチEFP	破片	メタルジェット	爆風	マルチEFP

しょうさせる時間が必要となるため、対処までの時間的余裕が短くなることが欠点となる。対して車両上で起爆させる方式は、脅威を十分に引き付けてから対処することが可能となるため時間的余裕が増えるが、車両近傍で迎撃体や脅威が起爆することにより、自車への副次的被害が大きくなる。

　発射機の方式は旋回方式と固定方式が存在する。旋回方式は迎撃地点に向けて発射機を自由に指向させることができるので、対処可能な範囲が広い。しかし、短時間かつ高精度に発射機を左右上下に指向させるために高性能な複数のモータが必要となるため、システムとして大がかりになる。一方、固定方式は駆動部がないため構成品が少なく済むが対処可能な範囲が限られるため、複数の発射機を配置することでその欠点を補わなければならない。米国のRaytheon社が開発したQuick Killは発射機が固定タイプであるが、迎撃体を垂直に発射しスラスターを用いた運動制御を行うことで広範囲を防護することが可能とされている。

　対処方式の例として、陸上装備研究所で試作した威力制御型マルチEFP弾頭を示す（**図3-5**）。威力制御型マルチEFP弾頭は円筒状の弾薬で、表面にライナとよばれるボタン電池状の金属片が多数配置されており、中にはさく薬が充填されている。弾頭が発射機から発射され迎撃地点に到達すると、信管の起爆によってさく薬が爆轟し、そのエネルギーによってライナが変形しEFPが生成される。このEFPが命中することで脅威を無力化する。その際、脅威弾頭が起爆すると高威力のメタルジェットが生成され、自車に危害を及ぼす可能性があ

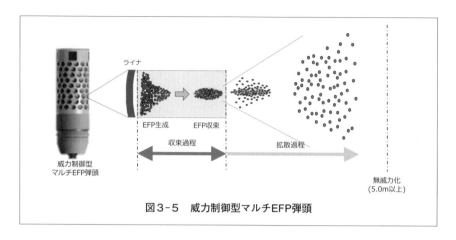

ライナ

EFP生成　　EFP収束

収束過程　　　　　拡散過程

威力制御型
マルチEFP弾頭

無威力化
(5.0m以上)

図3-5　威力制御型マルチEFP弾頭

るため、本試作品ではEFPが脅威弾頭を起爆させないように威力を制御してい
る。さらに、一般的なEFPは数百m以上飛しょうする能力があるのに対し、本
試作品はライナの製法を工夫することで、5m以上の距離では無威力化するよ
うに設計している。これらにより副次的被害を極小化することに成功している。

　古来、新たな攻撃手段とそれに対する防護の関係は、いわゆる"いたちごっ
こ"の関係に例えられるがAPSも例外ではない。すでに囮弾を先発させること
でAPSを無力化するRPG-30なども登場しており[3-9]、これらの攻撃に対応す
るためにAPS技術には更なる発展が求められている。例えば、近年の進展が目
覚ましい人工知能技術や自律技術を活用して、飛来する脅威の特徴を分析し、
その特性に応じて最適な防護方法を瞬時に選択する次世代APSが登場する日
も近いかもしれない。

1.2　多種目標対処弾技術

⑴　LCV

　多種目標対処弾を語る前に、予備知識として平成22年度から平成28年度にか
けて実施した軽量戦闘車両（以下、「LCV」という）システムの研究[3-10]につ

| 直接照準射撃時 | 間接照準射撃時 |

図3-6　LCV（火砲型）のコンセプトモデル

いて簡単に解説する。LCVはコンセプトモデル（火砲型・耐爆型）として、火砲型と耐爆型を計算機上に構築する数値シミュレーションと低反動試験砲、耐爆車箱、インホイールモータ搭載車両の構成要素の試作を組み合わせることによって、システムとしての実現性を確認するための研究であった。このうち低反動試験砲では発射反動を低減させるため、砲身と砲架の両方が後座するデュアルリコイル方式を用いて、直接照準射撃と間接照準射撃を実現するための低反動火砲技術の解明に取り組んだ。図3-6はLCV（火砲型）のコンセプトモデルである。ここで、低反動試験砲の機能を確認するために必要な弾薬についても試製し、同時に、この弾薬において、固定装薬で短射程から長射程までをカバーできる空力射程変更技術についても検討している。この弾薬がこれから解説する多種目標対処弾の原形である。

　LCV（火砲型）から射撃する弾薬のコンセプトとしては、いくつかの方式が提案されている中で、先駆弾頭に成形さく薬を、主弾頭はりゅう弾としたタンデム型のコンセプトイメージが提案（図3-7）されている。本解説はこの多種目標対処弾のコンセプトイメージを具現化させるために実施中の「多種目標対処弾技術の研究」について述べるものである。

　図3-8はLCV（火砲型）による多種目標対処弾の運用想定図である。この運用想定図によれば、間接照準射撃として敵集結地等への時限作動における

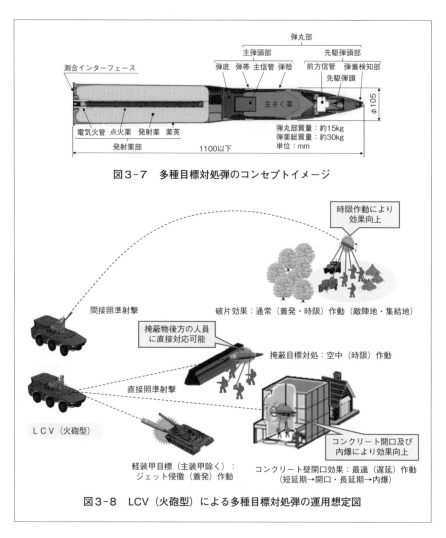

図3-7　多種目標対処弾のコンセプトイメージ

図3-8　LCV（火砲型）による多種目標対処弾の運用想定図

攻撃場面をイメージしている。直接照準射撃では掩体裏側に集結した敵への攻撃場面、コンクリート壁に対する開口や内爆効果の場面および軽装甲目標（主装甲除く）へのジェット侵徹効果による攻撃場面をイメージしている。なおLCV（火砲型）に搭載する火砲は16式機動戦闘車（以下、「16MCV」という）の火砲と同一口径であることから、多種目標対処弾は16MCVからも射撃（直

接照準のみ）できることを想定した弾薬として、将来の発展性を含め、弾薬装填前または後における信管測合機能についても研究を進めている。

(2) 多種目標対処弾について

(a) 運用上の効果および目的

16MCVに搭載された火砲から射撃できる弾薬はAP弾（硬い材料でできた弾心で敵装甲板を貫く弾薬）、HEAT弾（弾着時にメタルジェットを発生することで、敵装甲板を貫く弾薬）およびHEP弾（敵装甲に衝突することで、敵装甲板の裏面剥離を促す弾薬）の3弾種である。陸上装備研究所では、このうちHEAT弾とHEP弾に着目し、さらに、この2弾種の特徴を生かしつつ、多種目標対処弾では新たな目標への対処が可能となる弾薬として研究を進めることとした。国内においては91式105mm多目的対戦車りゅう弾（以下、「91HT」という）と75式105mm粘着りゅう弾（以下、「75HEP」という）が装備されている。91HTおよび75HEPはともに着発作動させることにより、対戦車戦等に対して効果的に機能するとともに、地上目標に対しても威力を発揮することができる。

多種目標対処弾ではさらに、時限作動や信管測合機能（対処目標に応じたモード選択等）を有し、新たな弾薬構造（タンデム弾頭構造等）とすることにより幅広い運用が可能となる。例えば、掩体裏側に潜んでいる敵への対処、林や森等の先に集結した敵車両や人員への対処、さらには敵に占拠された構築物等のコンクリート壁面開口や内爆への対処が可能となる。それらを達成することができる弾薬として「単弾種で、撃破すべき目標に応じて最適な効果を発揮可能な多種目標対処弾に関する技術を確立する」ことを目的として、陸上装備研究所の独自の着想に基づいて研究を進めているところである。

(b) 技術的課題と解明要領

前述した目的を達成するため、多種目標対処弾は「コンクリート開口技術」と「信管最適作動技術」を技術的課題に設定した。まずコンクリート開口技術

コンクリート壁に衝突したことを検知して、先駆弾頭を起爆し、ジェット侵徹効果によりコンクリート壁に孔を開ける。

コンクリートのほぼ中央付近で主弾頭を起爆させることで、コンクリート開口を達成させる。

図3-9　コンクリート開口の動作原理

とは、コンクリート壁に人員が通過できる程度の穴をあけることを目標とするものであり、**図3-9**にその動作原理図を示す。また、これを解明するためには、コンクリートのどこで起爆させれば大きな穴があくのかを知る必要がある。これは動的なコンクリート破壊のシミュレーション手法を用いて、静爆試験の結果と合わせて解明する。次に信管最適作動技術に関しては、コンクリート開口であれば、弾着検知後、どの時間タイミングで起爆すればよいのか、また必要な時間精度はどの程度であれば適切な開口効果を得られるのかについて、静爆試験や射撃試験等でデータを取得することで解明する。

(c)　**研究試作の概要**

　技術的課題を解明するために必要な研究試作品は、多種目標対処弾（メモリ弾）、多種目標対処弾（静爆用）、信管設定装置および効果解析装置で構成される。

　多種目標対処弾は対処目標に応じて、各種モード設定等の情報を信管設定装置により伝送できる機能を有する。このため多種目標対処弾（メモリ弾）は図3-7に示す主さく薬を入れる部分にメモリ装置を搭載し、射撃直前に信管設定装置からの情報伝送（信管モード、秒時等）が実現でき、設定された情報に応じた作動シーケンスを実射撃により確認するためのものである。多種目標対処弾（静爆用）は図3-7の弾丸部に相当する静爆用弾頭を製造し、主弾頭部の弾頭威力（破片質量分布、破片散布範囲、破片威力等）に関するデータおよ

び先駆弾頭部のジェット侵徹効果に関するデータを取得することにより、効果
解析装置を用いて多種目標対処弾の効果検証を行うためのものである。

(3) 諸外国との技術比較

　諸外国において、多種目標対処弾と同一口径の弾薬はイスラエルのAPAM[3-11]
のみである。この弾薬は子弾内蔵タイプであり、信管モードとして着発（瞬発・
延期）と時限（子弾放出用）を有している。世界の主力戦車に搭載される大口
径砲としては、ドイツがDM11[3-12]、フランスが120mmHE M3M[3-13]、米国が
M830A1[3-14]を保有している。DM11は主弾頭がりゅう弾であり、弾頭の前方
にタングステン破片を配置することで、前方の敵にエアーバーストによるダ
メージを加える機能を有している。120mmHE M3Mは通常のりゅう弾であり、
着発モードで瞬発・延期、時限モードで空中起爆を有している。M830A1はサ
ボ付き成形さく薬弾であり、弾薬径は81mmである。

　これに対して国内で研究中の多種目標対処弾は口径が105mmでありながら、
先駆弾頭に成形さく薬を主弾頭に徹甲りゅう弾のタンデム弾頭を有し、先駆弾
頭の成形さく薬では軽装甲対処やコンクリート開口の補助的効果を有し、主弾
頭に徹甲りゅう弾を有することでコンクリート開口や内爆効果だけではなく、
時限信管によるエアーバースト機能を有している。また低落角での弾着におい
ても不発弾の発生を抑制するための擦過モードも付加されており、諸外国のど
の弾薬よりも独特の着想に基づいた弾薬であるといえる。**表3-2**に諸外国と
の技術比較を示す。

　多種目標対処弾技術の研究には平成28年度から着手し、令和2年9月末日ま
で研究試作を実施している。その後、陸上装備研究所では約2年をかけ、各種
の性能確認試験を計画している。性能確認試験においてはコンクリート壁に対
するメモリ弾の射撃試験を実施し、各種の信管測合に応じた作動タイミングに
関するデータを取得する。また静爆試験として水井戸により生成破片の形状、
個数および分布を確認し、散飛界で破片の広がりを、鋼板的威力で破片の威力

表3-2　諸外国との技術比較

装備品名	多種目標対処弾	M117/1 APAM[3-11]	DM11[3-12]	120mmHE M3M[3-13]	M830A1[3-14]
開発国	日本	イスラエル	独国	仏国	米国
口径	105mm	105mm	120mm	120mm	120mm
弾頭形式	タンデム（成形さく薬＋りゅう弾）	子弾（6個）放出	りゅう弾＋前方指向タングステン破片組み込み	りゅう弾	サボ付き成形さく薬、弾薬径81mm
信管作動モード	着発 延期 時限 擦過	着発 延期 時限（子弾放出用）	着発 延期 時限	着発 延期 時限	着発 延期 時限
対戦車能力	○（脆弱部）	×	×	×	○（脆弱部）

効果を確認する計画である。特に先駆弾頭の超高速旋転領域における鋼板等へのジェット侵徹威力については、国内外でも実測データ例がほとんどなく、専用の超高速旋転試験装置を製造し、確実に取得しなければならない課題である。それらのさまざまなデータを効果解析装置に入力し、多種目標対処弾の総合的な評価を行う計画である。

（武部　良亮／岡田　昌彦）

2．人員防護解析技術の研究

2.1　防弾チョッキの役割

　戦闘する自衛隊員にとって、防弾チョッキは必須である。では、この防弾チョッキには、どういった役割が求められるのだろうか。基本的には銃弾や爆発による破片等から隊員の身を守る役割がある。

　図3-10に防弾チョッキの簡単な構成を示す。防弾チョッキには固い防弾部、柔らかい緩衝材の二つの構成品がある。防弾部は砲弾の破片や銃弾等を変形しながら受け止めることができる。他方、緩衝材は防弾部の変形が人体に影響を及ぼさないよう、防弾部と人体の間に空間を作り、防弾部による人体への圧迫を低減する効果がある。

　従来は、いかに防弾部で銃弾等を受け止め貫通させないかといった観点で防弾チョッキの研究・開発が行われてきた。このため、銃弾等の貫通による怪我は減少傾向にある。しかしながら防弾チョッキを銃弾が貫通せずとも、人体が骨折や内臓の損傷等の怪我を負ってしまい、場合によっては死に至るケースが報告されている[3-15]。これは耐弾時鈍的外傷（Behind Armor Blunt Trauma）と呼ばれるものである。このため近年、防弾チョッキにおいては、貫通創に加えて耐弾時鈍的外傷から人員を守る役割も着目されており、この耐弾時鈍的外傷を研究する必要がある[3-16),3-17]。なお、この耐弾時鈍的外傷については、人体への影響を調べることから、工学的な観点だけではなく、医学的な観点を踏まえて研究を行

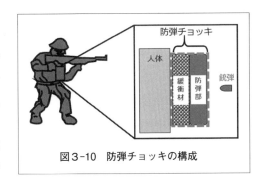

図3-10　防弾チョッキの構成

う必要がある。

2.2 耐弾時鈍的外傷の発生メカニズム

耐弾時鈍的外傷は、銃弾等が防弾チョッキを貫通せずとも人体に怪我が生じる現象である。**図3-11**に防弾チョッキに銃弾が当たった際の様子を示す。

銃弾が防弾チョッキに衝突することで、防弾チョッキは変形しながら銃弾を減速させる。銃弾が防弾チョッキ内で停止した場合、人体に貫通創が生じることはない。一方で銃弾の衝突によって、図3-11の①で示すように、大きな応力波が弾着直後のごく短時間（数十マイクロ秒）に発生して人体内を高速で伝わる。また図3-11の②で示すように、防弾チョッキの変形などによって長時間（数十ミリ秒）にわたって大きな凹みが人体に発生する。これらの現象によって人体内では骨折や内臓の損傷（耐弾時鈍的外傷）が生じる。以上のことから、これらの体内の応力波および人体の変形をいかに小さくするかが課題となっている。

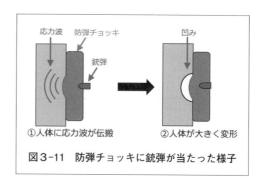

①人体に応力波が伝搬　　②人体が大きく変形

図3-11　防弾チョッキに銃弾が当たった様子

2.3 防弾チョッキの試験評価方法

防弾チョッキの試験評価方法としては、主要国においては米国司法省基準（NIJ-0101.06）[3-18] が広く使用されている。この評価方法は防弾チョッキの後面（人体側）に粘土盤を設置して射撃し、粘土盤に生じる凹みの深さである後方痕跡（BFS：Back Face Signature）を計測することで、その基準への適合・不適合を判定するものである。この評価方法は基準に定められた粘土盤を用意すればよいので、比較的簡易に計測することができる。

　米国司法省基準による防弾チョッキの適合・不適合の判定は、防弾チョッキに貫通が生じないことに加えて、BFSが44mm未満であることを判定基準としている。BFSが44mm未満であるという判定基準は、1970年代に米陸軍において実施されたヤギに防弾装備を着用させて拳銃弾で射撃した動物実験を通じて導出されたものである[3-19]。この実験から、射撃後24時間以内にヤギが死に至る射撃条件が導出され、これと同条件の射撃試験をヤギに代えて粘土盤を用いて行ったところ、その際のBFSが42mm±2mmであったことを受けて判定基準が設定されたものである。しかし、この判定基準は、ヤギに対する試験結果を体内の構造が大幅に異なる人体に適用していることや、低弾速の拳銃弾による結果を高弾速の小銃弾にも適用していること等の問題点が指摘されている[3-20),3-21]。ゆえに防弾チョッキを評価するためには、耐弾時鈍的外傷の発生メカニズムを踏まえた新たな試験評価方法が必要となっている。

　前述のとおり耐弾時鈍的外傷の原因は、人体の変形と応力波の伝搬の二つの現象によるものと考えられている。これら二つの現象に関して実施されている試験評価方法について説明する。

　まずは人体の変形に関する評価方法としては、人体の変形の時間履歴より評価するものがある。これは胸郭の変形量と変形速度により算出される胸部粘性基準値（VC値：Viscous Criterion）を用いて評価するものである。

　このVC値を計測する方法として**図3-12**に示すような鈍的外傷計測用器材（Biokinetics社製BTTR）[3-22]を使用する方法がある。この器材では黄色の模擬被膜が人体の胸郭の特性を模擬している。この模擬被膜の表面に防弾チョッキを固定して射撃し、

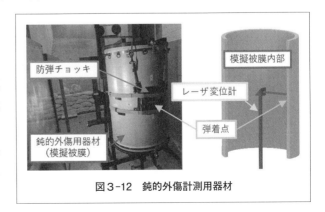

図3-12　鈍的外傷計測用器材

　模擬被膜の変形を被膜の裏側からレーザ変位計で計測することで、弾着による胸郭の変形量と変形速度を計測することができる。この鈍的外傷計測用器材では、防弾チョッキをつけた人体の変形の時間履歴を模擬できるものとなっている。

　また、この試験評価方法では、最終的に**表3-3**に示している評価指標AIS（Abbreviated Injury Scale）[3-23] に対して、AIS2以上の怪我の発生確率が算出される。**図3-13**に示すような先行研究より得られた評価カーブ[3-24] を使用することで、VC値をAIS2以上の怪我の発生確率に変換することができ、定量的な評価が可能となる。図3-13は参考文献3-24）より筆者が模写した評価カーブの例を示している。

　次に、応力波に係る試験評価方法であるが、一例として人体の特性を模擬した生体模擬材を使用して体内に伝わる応力を観察・計測する方法が用いられる。その方法の例として、**図3-14**にシリコンゴム製の生体模擬材に防弾チョッキと圧力センサを取り付けた試験器材を示す。これらに対して射撃を行い、計測される圧力の値から評価を行う。また生体模擬材内の応力波の伝搬の様子を高速度カメラで撮影する方法もある。

表3-3　評価指標AIS

AIS	度合	胸部受傷の一例
5	瀕死	心臓の重度の裂傷
4		肺の20%以上血液喪失
3	重症	心臓の軽度の裂傷
2		横隔膜の挫傷
1	軽症	肺、皮下組織の血腫

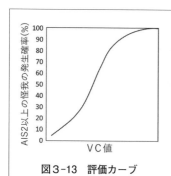

図3-13　評価カーブ

図3-14　生体模擬材

2.4　陸上装備研究所における耐弾時鈍的外傷の低減化の研究

　陸上装備研究所では、耐弾時鈍的外傷の原因となる応力波および人体の変形を小さくするための方法の一つとして、緩衝材の利用があることから、防弾チョッキの構成品である緩衝材の有効性を確認する試験を行った[3-25]。防弾部を模擬したFRP板単体とFRP板と緩衝材を重ね合わせたものにそれぞれ破片模擬弾を射撃し、弾着時の様相を比較することで緩衝材の有効性を確認する試験を実施した。この試験では圧力センサを取り付けた生体模擬材と鈍的外傷計測用器材の両方を用いた。図3-15と図3-16にはそれぞれの試験状況を示している。

　生体模擬材を用いた試験の結果を図3-17および図3-18に示す。図3-17では緩衝材を用いなかった場合、図3-18では緩衝材を用いた場合の生体模擬材の様相を高速度カメラで撮影した画像を示している。また各(a)は弾がFRP板に衝突した時刻から数十マイクロ秒後、各(b)は弾がFRP板に衝突した時刻から数

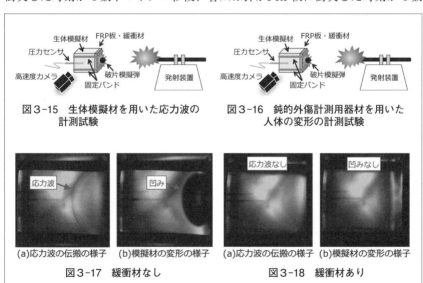

図3-15　生体模擬材を用いた応力波の計測試験

図3-16　鈍的外傷計測用器材を用いた人体の変形の計測試験

(a)応力波の伝搬の様子　(b)模擬材の変形の様子
図3-17　緩衝材なし

(a)応力波の伝搬の様子　(b)模擬材の変形の様子
図3-18　緩衝材あり

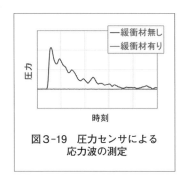

図3-19　圧力センサによる
応力波の測定

十ミリ秒後の画像である。

　まず緩衝材を用いなかった場合は、図3-17(a)に示すように半球型の応力波が計測されたのに対して、緩衝材を用いた場合には、図3-18(a)に示すように明瞭な応力波が計測されなかった。また**図3-19**には生体模擬材に取り付けた圧力センサより緩衝材の有無による圧力の時間履歴を比較した結果を示している。緩衝材を用いなかった場合は、最大値にしてMPaオーダーの圧力が計測されたのに対して、緩衝材を用いた場合は圧力がほとんど0であった。以上のことから緩衝材の使用により応力波の発生が抑えられることが分かった。

　次に、生体模擬材の変形に着目した場合、図3-17(b)と図3-18(b)の比較から緩衝材を用いることで生体模擬材の凹みが大幅に低減されていることが確認できた。また鈍的外傷計測用器材を用いた試験においても同様にAIS2以上の怪我の発生確率で比較すると、緩衝材を用いなかった条件では100%に近い値の発生確率となったが、緩衝材を用いることで数%未満の発生確率に抑えることが可能であることが分かった。

　以上のことから今回試験に供した緩衝材は、胸郭の変形と応力波の伝搬の低減化に有効であることが確認できた。

　防弾チョッキについて、耐弾時鈍的外傷による被害の低減化を図る観点から、発生メカニズム、試験評価方法と緩衝材の有効性の試験結果を紹介した。

　陸上装備研究所では防弾チョッキの研究に関して、今後は緩衝材厚さの変更や新たな緩衝構造により、脅威に応じた防弾チョッキの最適化を行う予定である。

（摩尼　京亮）

第4章

施設器材関連の先進技術

1. 陸上装備無人化技術(CBRN対処無人車両、UGV技術)

1.1 無人化の技術

　自衛隊は、長時間監視、危険地域での活動などの有事の過酷任務や、原発事故、土砂災害などの災害対応のような、生命に危機が及ぶ任務、迅速さが求められる任務をこなさなければならない。そのため将来の自衛隊の装備品は、人の被害をなくす"ゼロカジュアルティ"や人力にできるだけ頼らずに迅速な作業を可能とする"省力化"について、より重視していく必要があると思われる。これらを効果的に実現する方法は無人化であり、無人化技術は将来装備にとって最も重要な技術の一つと考えられる。

　陸上装備研究所 システム研究部 無人車両・施設器材システム研究室では、無人化技術のうち、CBRN*対処無人車両、UGV技術に関する研究を実施している。以下に、CBRN対処無人車両を事例とし、これらの技術について紹介する。

1.2 CBRN対処無人車両のUGV技術について

(1) 遠隔操縦技術[4-1]

　東日本大震災では、人員が容易に立ち入ることのできない福島第一原子力発電所に多くの無人機システムが投入されたが[4-2]、被災した原子力発電所およびその周辺では、放射能汚染により人の立入りが制限され、災害発生直後における通路啓開やガレキ撤去等の各種作業および災害状況の把握等の情報収集には困難が伴った。

　このことから防衛装備庁陸上装備研究所では、事前にカメラ等の設置を要する従来の民間建機では対応が困難な、例えばCBRN環境下等のように危険なた

＊化学(Chemical)、生物(Biological)、放射線(Radiological)および核(Nuclear)の略

め、人が近づけず、現場の情報が得られない環境下における初動対応に力点をおいた、遠方の安全な地点から遠隔操縦可能な自己完結型のCBRN対処無人車両であるCBRN対応遠隔操縦作業車両システム（以下、本システムという）の研究を行っている。

　本システムは遠隔操縦による走行、作業および情報収集が可能な遠隔操縦装軌車両の他、油圧アーム装置等の車両搭載作業装置、通信を中継するための車両である中継器ユニットおよび各車両の遠隔操縦・指揮を行うための指揮統制装置から構成される。この遠隔操縦装軌車両は油圧アーム装置、排土装置等をモジュール化した車両として実現することを目標としており、さらに作業の安全性、省力化を追求することを目指している。またLRF（Laser Range Finder：レーザ測距装置）、カメラ、自己位置標定装置等のセンサ情報を利用して障害物を認識し、ブレーキ等の衝突回避機能を有している。本システムに含まれる遠隔操縦装軌車両の主な仕様および外観をそれぞれ表4-1および図4-1に示す。

　車体部は、既存の自衛隊車両をベースとした30t級の大型装軌車両となっており、民間建機では最高速度が5～10km/h程度であることに比べ、有人操縦時には

表4-1　遠隔操縦装軌車両の主な仕様

項　目	主な仕様
車両寸法	約6.5m×約3.2m×約2.8m（全長×全幅×全高）
車両質量	約30t（車体 約26t、作業装置 約4t）
最高速度	遠隔操縦時：約30km/h 有人操縦時：約50km/h （いずれの場合も平坦舗装路面）
搭載センサ	可視カメラ、赤外線カメラ、LRF、自己位置標定装置、γ線カメラ等
作業装置	油圧アーム装置（バケット、把持機等）、排土装置
通信手段	自衛隊無線、無線LAN、衛星通信
CBRN対応	【乗員室】空気浄化装置、放射線防護板 【車両表面】除染容易な塗料、カバー、表面被覆等

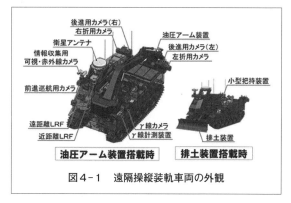

図4-1　遠隔操縦装軌車両の外観

約50km/h、遠隔操縦時には約30km/hでの走行が可能である。また車体には先端をバケット、把持機等に交換可能な油圧アーム装置や排土装置といった作業装置が搭載可能であり、ガレキによる通路閉鎖に関しては把持機、地すべりでの土砂等による道路閉鎖に対しては排土装置やバケットによる押し出し等により啓開するなど、目的に応じて付け替えることにより各種作業を実施することができる。**図4-2**は遠隔操縦車両の作業の様子、**図4-3**はバケット作業時の遠隔操縦画面の例である。

排土装置搭載時には7軸のマニピュレータも搭載可能であり、油圧アーム装置や排土装置では難しい現場でのサンプル収集等の繊細作業に用いることができ

図4-2　遠隔操縦装軌車両の作業の様子

図4-3　バケット作業時の遠隔操縦画面の例

る。車両にはLRFや可視カメラ、赤外線カメラ、γ線カメラ等のセンサを搭載しており、車両周辺の障害物情報、周囲環境情報の収集等を行うことが可能である。

　遠隔操縦のための通信は、福島第一原発事故の場合、事故現場より20km以上離れた福島県Jヴィレッジが原発に向かう作業員の基地となっており、これくらい離隔した位置からでも遠隔操縦できるよう、短距離での遠隔操縦で使用する自衛隊無線および無線LANの他、長距離遠隔操縦用に衛星通信機器を搭載している。なお遠隔操縦装軌車両は必要に応じ、有人操縦も可能である。

　衛星を使用した遠隔操縦のイメージを**図4−4**に示す。指揮統制装置は遠隔操縦装軌車両2台および中継器ユニット（市販車をベースとした遠隔操縦車両である中継車両3台から成る）を遠隔操縦する計五つの遠隔操縦席、各車両からの状態信号および画像信号の受信ならびに操縦信号の送信を行う通信装置、指揮統制支援を行うための支援端末および大型モニタ、これらの装置を格納するコンテナ等から構成されており、遠隔操縦機能の他、車載センサを活用した情報収集機能、車両の位置、状態等を表示する指揮統制支援機能を有している。

　また遠隔操縦席に配置してある遠隔操縦装置は、タッチパネルディスプレイ、ハンドル、シフトおよびペダル等で構成されており、遠隔操縦装軌車両用の遠

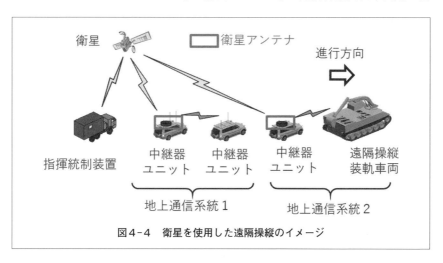

図4-4　衛星を使用した遠隔操縦のイメージ

図4-5　複数台の車両を使用した遠隔操縦試験の様子

表4-2　遠隔操縦走行方式の比較

項　目	直接遠隔操縦方式	経路構成点指示方式
人介在度	高い	低い （走行制御機能等を使用）
速度の 指示方式	常にアクセル、ブレーキ踏込量を指示	最高速度を指示
方向の 指示方式	常にステアリング 回転角度値を指示	あらかじめ目的地までの複数地点（経路構成点）の座標を指示

隔操縦装置ではさらに作業装置用レバーを有している。図4-5は複数台の車両を使用した遠隔操縦試験の様子である。

遠隔操縦装軌車両は、遠隔操縦者が車載カメラ画像とこれに障害物情報を用いた操縦支援表示を重畳させた遠隔操縦画面から常にアクセル、ブレーキ踏込量およびステアリング角を指示する直接遠隔操縦方式と、目標（経路、許容速度）を追従するための制御演算を行い、指令を出力する走行制御機能等を用いて、あらかじめ入力された目的地までの複数地点の座標データをもとに作成された経路を自動で走行する経路構成点指示方式の二つの遠隔操縦走行方式を有している。遠隔操縦走行方式の比較を表4-2に示す。

⑵　CBRN対応技術

UGVは人が活動できない環境、例えば汚染環境等での運用を期待されており、その典型的な環境としてはCBRN環境下がある。この項では本システムのCBRN対応について説明する。

進入、通路啓開、情報収集、離脱といった、本システムの想定行動からCBRN対応が成されており、CBRN汚染環境化で行動するため、第一に乗員保護、第二に電子機器保護が考えられている。本システムは遠隔操縦が基本であるものの、汚染レベル等の状況に応じて乗員による操縦も想定していることから、乗員防護についても考慮されている。そのため本システムはγ線防護、大

気汚染防護の技術が適用されている。また離脱したのちに除染場所における除染を容易にする除染容易化の技術も適用されている。

○γ線防護

装軌車両に搭乗する乗員をγ線から防護するため、乗員室にはシート下鉛板を配置している。また電子部品についても鉛板等による防護がとられている。

○大気汚染防護

与圧防護のため、空気吸入口へのフィルタおよび送風機の装着により、乗員室への汚染物質の流入を防止している。

○除染容易化

汚染物質付着防止化、汚染物質の直接付着防止化、汚染物質除去容易化、部品の交換時間の短縮を考慮し、以下のような対処を施している。

・除染容易化を目的とした塗装
・車両表面は、凹凸の少ない形状
・フレキシブルカバーを装着し、汚染物質の直接付着防止
・コーティング剤による表面処理により、汚染物質除去の容易化
・エアフィルターの脱着を容易化し、部品交換時間を短縮

⑶　環境認識技術

UGVを遠隔地から操縦し、移動や作業をさせる場合、周囲の環境を認識する必要がある。UGVのコントロールにおける環境認識の役割は、地形、物体等のUGV周囲状況をセンサでとらえUGVの行動に反映させることである。ここではUGVの行動や動作に利用される環境認識技術をとりあげる。

前項でも述べたが、われわれが研究している遠隔操縦装軌車両には、環境を認識するセンサとしてLRFや可視カメラ等が搭載されており（図4-1）、車両周辺の障害物情報、周囲環境情報の収集を行うことができる。**図4-6**はそれらセンサの画面表示である。

本システムは搭載している環境認識センサを利用することで、遠隔操縦による移動および作業を行うことができる。GPS受信機を備えていれば1.2⑴

可視カメラ画像　　赤外線カメラ画像　　γ線カメラ画像

 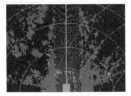

LRFによる３Dマップ　　　　LRF画像

図4-6　遠隔操縦装軌車両に搭載されているセンサの画面表示

項で述べた自動で走行する経路構成点指示方式により、指示したGPS座標をた
どって自律で移動させることができる。しかし建物内など、通信が困難、GPS
情報が取得できない環境であれば、無線での遠隔操縦は困難となり、有線でな
ければUGVの移動や作業が不自由となる。このような非GPS環境で自己位置
を推定し、UGVの移動等に利用できる技術として、地図構築と自己位置推定
を同時に行うSLAM（Simultaneous Localization and Mapping）[4-2]技術がある。
　一例としては、本システムに搭載されているLRFのようなセンサで点群の位
置（距離、角度）を計測し、取得した位置に点群を配置していくことで地図構
築し、点群の位置から計測距離と方位を逆算することで、移動体の位置・姿勢
を推定することができる。位置を得るLRFの機能によっては３次元（縦、横、
高さ）の情報が得られるため、高さ情報を含んだ地形データを計測することが
可能である。
　簡易なSLAM技術の一例として、スキャンマッチング法を紹介する[4-3),4-4)]。
この方法は二つのLRFのスキャンの間で、スキャン点の対応づけと移動体の位
置推定を交互に繰り返すことでスキャン点を順次配置し、点群による地図構築

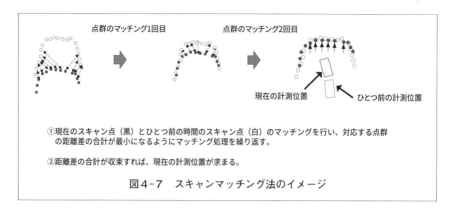

①現在のスキャン点（黒）とひとつ前の時間のスキャン点（白）のマッチングを行い、対応する点群の距離差の合計が最小になるようにマッチング処理を繰り返す。

②距離差の合計が収束すれば、現在の計測位置が求まる。

図4-7　スキャンマッチング法のイメージ

するとともに、その過程において計測位置を求めることができる。

　図4-7の黒い点が現在のスキャン点、白い点がひとつ前の時間のスキャン点とすると、現在スキャンの各点と対応の取れたひとつ前の時間のスキャンの点について、それぞれの点間の距離差を最小にするように現在のスキャン点を配置していく。スキャン点の位置が決まれば、計測位置が決まるので、その位置で最も近いスキャン点同士を対応づける。その対応付けを行い、距離差の合計値が小さくなるように移動体の位置推定を繰り返し、最小になった対応位置で点群の配置を行うことで、点群で構成された地図を作成することができる。

⑷　環境認識をするためのセンサ

　自動車の自動運転システムに使用される代表的なセンサとして、可視カメラ、ミリ波レーダ、ライダー等が挙げられるが[4-5]、これらはUGVに搭載する環境認識センサとしても適していると考えられる。自動運転に必要なセンサの能力としては、測距、物体を検知するための空間分解能、耐天候、夜間性能等が必要とされており[4-5]、同様の能力が環境認識センサにも求められる。以下にそれぞれのセンサの特徴を簡単に記述する。

○可視カメラ

　可視カメラは光を感知することで像を可視化するセンサで、解像度が比較的高く、物体を認識する感覚は他のセンサと比べて人間の目に一番近い。測距す

る場合、2台のカメラで撮影し、両者に映る物体の視差から物体までの距離を推測するステレオ視が利用される。ステレオ視では、遠くになると距離精度が低くなる、カメラ間の距離により距離精度が左右されるといった測距性能について特徴がある。夜間、強い光、霧、雨により検知能力の劣化が大きい。

○ミリ波レーダ

ミリ波レーダはミリ波の電波を照射することで物体を検出するセンサである。カメラ等、他のセンサと比較すると、夜間、強い光、天候等の環境による影響を受けにくく、比較的遠方まで検知可能であるが、空間分解能は劣る。また電波の反射率が低い物体は検出が困難であるといった特徴がある。自動車の衝突予防のために、距離や速度を計測する速度センサ、測距センサとして応用される。

○ライダー

ライダーはレーザを発射し、対象からの反射光を計測することで距離を計測できる装置である。LRFと同じ計測装置としてこの言葉が使われることもあるが、最近は走査することで計測を効率的にできるLRFのことを指す場合もある。

測距方式としては、パルス状のレーザを発射し、対象からの反射光の到来時間を計測することで、距離を計測する方法（図4-8）や連続波を発射し、対象までの距離によって異なる反射光の位相シフト量から距離を計測する方法がある。対象の方位はレーザの発射角度によって分かるため、計測した距離と方位で対象の位置を割り出すことができる。一度に複数のレーザを発射したり、センサ本体をメカニカルに回転させたりすることで、周囲環境を効率的に計測できるものもある。ミリ波レーダに比べて波長の短い電磁波である光を使って

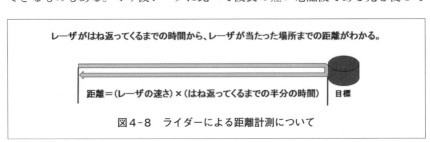

レーザがはね返ってくるまでの時間から、レーザが当たった場所までの距離がわかる。

距離＝（レーザの速さ）×（はね返ってくるまでの半分の時間）　目標

図4-8　ライダーによる距離計測について

いるため、空間分解能がレーダと比べて高い。

可視カメラ、レーダ、ライダー等のセンサの環境認識能力は一長一短があるため、UGVの搭載スペース、ペイロード、電力容量、振動等のようなUGVの搭載環境条件が許容されるならば、複数のセンサを組み合わせて環境認識が行われる傾向にある。例えば、可視カメラとミリ波レーダを組み合わせることで、昼夜や天候による目標検知性能のムラをなくし、誤検知を減らす効果を期待する組み合わせも考えられる[4-6)]。

(5) 環境認識情報の表示

CBRN対処無人車両のように、人が遠隔操縦でUGVを移動または作業させる場合、スムーズに移動等をさせるためには、UGVで取得した環境認識情報を遠隔操縦者にいかに利用しやすく表示して、提供するかということも必要となる。本研究室ではCBRN対処無人車両の環境認識性能を向上させ、より安全、効率的な走行、作業ができるよう、上空から見たようなリアルタイムでの俯瞰表示や、センサで取得した地形データを利用した3Dエリア地図を利用することで、無人車両の環境認識性能を向上させる技術の研究を行っている。

俯瞰表示については、LRFで車両の周辺をスキャンすることで、起伏情報を含んだ地形データを取得し、その地形データを図4-9のような自由視点の考えを導入し、視点位置をリアルタイムで上空視点に座標変換する。この上空視点画

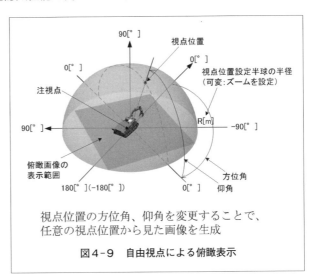

視点位置の方位角、仰角を変更することで、
任意の視点位置から見た画像を生成

図4-9　自由視点による俯瞰表示

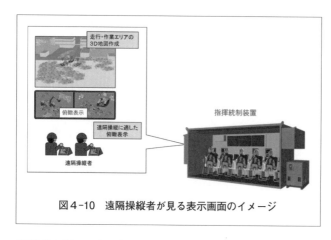

走行・作業エリアの
3D地図作成

俯瞰表示

遠隔操縦に適した
俯瞰表示

遠隔操縦者

指揮統制装置

図4-10　遠隔操縦者が見る表示画面のイメージ

像を表示することで、リアルタイムでの俯瞰表示を実現しようとしている。また、これを応用し、横から見た場合など、任意の視点変換やズームができるようにすることで、遠隔操縦者が見たい場所について、より視認し易い表示を提供できるようにしている。

　更なる環境認識の向上のため、地形・気象等が変化する環境において、複数車両からの環境認識情報を統合するための技術に関する研究も実施中である。

　これらの表示により、遠隔操縦者は作業車両の近傍だけでなく、周囲環境を効果的に認識可能となり、より作業効率が上がるのではとわれわれは期待している。図4-10は遠隔操縦者が見る表示画面のイメージである。遠隔操縦者は指揮統制装置内でUGVの操縦を行い、UGV周辺のリアルタイム俯瞰表示や3Dエリア地図を見ながら遠隔操縦で作業を行う。

　ここで紹介した、遠隔操縦技術、CBRN対応技術、環境認識技術、センサ技術および環境認識情報の表示技術はUGVを利活用するためにベースとなる技術であると考える。今後は研究中の試作品を使用し、これら技術の評価を進めていく予定である。そして、これをさらに進展させることで、自衛隊の装備品として優れたUGVを実現したいと考えている。

（國方　貴光）

2．IED探知処理技術

2.1　IED

　IED（Improvised Explosive Device：「即製爆発装置」と和訳）は、テロリストなどが、人員・装備などを殺傷・破壊するために、ありあわせの爆発物と起爆装置から作った手製の爆発物であり、イラク戦争における米軍のIEDによる被害の大きさから注目されたものである。近年においてもIEDによる事件が発生しており、2018年には軍人の死傷者がアフガニスタン、イラク、シリア等で約3,000人発生したと報告されている[4-7]。

　国際平和協力活動等を行う自衛隊にとってもIEDは大きな脅威となりうることから、防衛装備庁陸上装備研究所ではIED探知技術に関する研究を実施している。

　本項では、IED探知および処理の代表的な技術について述べるとともに、陸上装備研究所で実施している最近の研究成果について紹介する。またIED探知技術に関する米陸軍の研究動向についても触れることとする。

　IEDは、ありあわせの物資から作った爆発物であることから、武器、弾薬といった軍用物資だけでなく、化学薬品、肥料、農薬等の民間産業用の物資でさえもその材料となる。そのため、IEDの形状および構造は多岐にわたる。またIEDは地雷とは異なり、目的に応じてさまざまな構造、形状、起爆方法等で作製・使用される。例えば、既存の砲弾、対戦車地雷、爆発成形弾（Explosively formed projectile：EFP）等に起爆装置を取り付けたものや、鉄製のパイプや金属缶等に高性能爆薬ではない発射薬やマッチの頭薬などを充填したものもある。一方、起爆方法は罠線のような単純なものから、携帯電話等を利用した無線遠隔指令による起爆方式までさまざまなものがある。

2.2　IED探知技術

　IED探知に効果的な技術の確立を目指し、さまざまな探知手法が提案されている[4-8]。中でも、電波センサや光波センサを用いた探知は、世界中で盛んに研究が進められている。

　IED探知に用いられる電波センサとして、マイクロ波帯およびミリ波帯のセンサが利用されている。マイクロ波帯は、地中への透過性が期待されることから埋設されたIEDの探知に有効である。またミリ波帯は、マイクロ波よりも高周波数帯のため、地中透過性は劣るものの高分解能な探知が可能である。そのため、麻袋をはじめとする薄い布等によって偽装し地表に設置されたIEDの探知に有効である。

　一方、光波センサによる探知には、可視光、赤外線、レーザおよびハイパースペクトルが利用されている。取得データを画像化して認識できることからIEDの形状観察およびIEDの敷設の痕跡等の探知に有効である。この他にも、磁気、におい、音響、イオンモビリティ分光計（Ion Mobility Spectrometer：IMS）、核四極共鳴（Nuclear Quadrupole Resonance：NQR）、テラヘルツ、X線を利用した探知方法も報告されている。

　これらのセンサは、単体での使用のほか、各センサの優劣を補完するため、各種センサを組み合わせたセンサ複合化システムを構成することで、総合的な探知・識別性能の向上が図られている。このセンサ複合化システムは、遠隔操作車両や無人航空機（Unmanned Aerial Vehicle：UAV）等に搭載して使用される。IEDは地雷とは異なり、遠隔操作により起爆されるため、センサ複合化システムを搭載した遠隔操作ロボットや無人機は、重要施設の防護や部隊行動時において有効である。

2.3　IED処理技術

　IEDの形態がさまざまであることから、IEDの処理方法についても複数の手法が存在する[4-9]。IEDの構造・形状によらず、IED処理作業の流れは①起爆装置等の位置の把握②起爆装置等の破壊・除去・分離（安全化）③IEDの安全な場所への移動④本体の処理（処分）であり、不発弾処理と同様である。起爆装置の位置の把握が困難かつその場からの運搬が困難で、周囲への影響も少ないと判断される場合には、IEDそのものをその場で爆破処分する方法もとられる。

　IEDの処理法には、ディアマ、ディスラプタを用いる方法がある[4-9]。ディアマは、遠隔発火式の爆発物処理装置であり、弾頭をIEDの起爆装置に衝突させることで作動することができないように破壊するか、起爆装置を爆薬から分離させるものである。ディスラプタも遠隔発火式の爆発物処理装置であるが、最も多いタイプとして知られているのは、爆薬を用いてウォータージェットを生成し対象を破壊する方式である。ディスラプタは薄い金属や木材、プラスチック等の貫通力しかなく、小型のブリーフケース以上の大きさには適していない。しかし、近年ではディアマからディスラプタに変更して使用可能なものも作られているため（**図4-11**）[4-10]、必要に応じてパーツを取り換えて各IEDを処理することができる。

図4-11　ディアマ／ディスラプタの一例

　また爆破薬を用いて爆破処分をすることもある。爆破薬や火薬を用いて物理的にIEDを破壊するか、IEDのもつ爆薬を爆発もしくは燃焼させることにより無効化する方法である。周囲の状況や対象となるIEDの

形態に応じて、爆破薬、成形炸薬、燃焼火薬を使用した器具を用いる。その他フォーム爆薬やシート爆薬など特殊な爆薬を用いる場合もある。

その他の処理法および無効化方法としては、高出力レーザや電磁パルスを用いる方法がある。高出力レーザを用いて爆発物を安全な距離から無効化する処理法では、レーザを爆発物に照射して加熱し、爆薬を小規模に燃焼させることで行う。また火薬系統に点火するための電気雷管に電流を流す起爆回路がすべてのIEDに共通して使用されているため、この起爆回路を無力化および破壊するために電磁パルスが用いられる。

2.4　陸上装備研究所が実施するIED探知技術に関する研究

IED探知技術は地雷探知技術と共通する部分が多いが、先に述べた通り、攻撃側の任意のタイミングで起爆できる点が地雷との大きな違いである。そのため、離れた位置からIEDを探知する離隔探知技術の確立が求められている。図4-12に離隔探知の一例として、従来の近接型探知器と前方監視型探知器との比較を示す。従来の近接型探知器を用いる場合には、人員が隠蔽されたIEDの

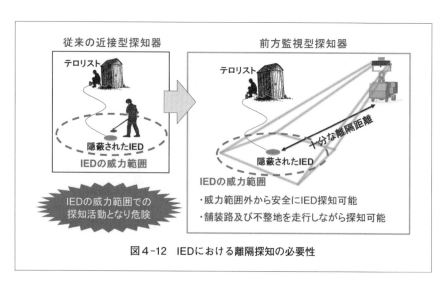

図4-12　IEDにおける離隔探知の必要性

威力範囲に立ち入ったタイミングで起爆される恐れがあるが、前方監視型探知器のように隠蔽されたIEDと十分な離隔距離をとってIEDの威力範囲外から離隔探知できれば、安全なIEDの探知が可能となる。そこで、陸上装備研究所では、離隔してIED本体を探知・識別するシステムおよび爆発物の検知・識別を行うシステムならびに遠隔操縦による爆薬採取・分析システムの研究を実施した。

※LIDAR：Laser Image Detection And Ranging（レーザ画像検出・測距法）

図4-13　IED対処技術の研究試作（その1）および（その2）の研究試作品

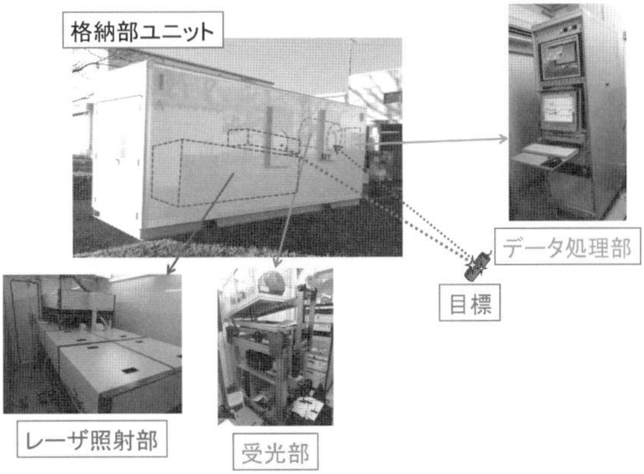

図4-14　爆発物検知識別装置

(1) IED対処技術の研究

　陸上装備研究所では、2009（平成21）年度から2013（平成25）年度にかけてIED対処技術の研究を行った[4-11]。本研究では、IED対処技術の研究試作（その1）で車両搭載型の「IED電波光波離隔探知装置」を試作し、IED対処技術の研究試作（その2）で「IED離隔識別装置」を付加した（**図4-13**）。また研究試作（その2）では「爆発物検知識別装置（**図4-14**）」も試作した。

ア　IED電波光波離隔探知装置およびIED離隔識別装置

　本試作品の探知装置は、マイクロ波レーダ、ミリ波レーダ、赤外線撮像装置およびレーザレーダ（Laser Image Detection and Ranging：LIDAR）で構成されている。試験では、マイクロ波レーダによる埋設型IEDの探知、ミリ波レーダとLIDARによる表層型IEDの探知および識別、赤外線撮像装置による埋設型および表層型IEDの探知に関するデータを取得した。当該データを解析し、複数センサの探知結果を重畳表示することにより誤警報を低減できることを確認した。

イ　爆発物検知識別装置

　爆発物検知識別装置は、高出力超短パルスレーザを用いたレーザ誘起ブレイクダウン分光法（Laser Induced Breakdown Spectroscopy：LIBS）により爆発物を検知識別するものであり、格納部ユニットの中に、レーザ照射部、受光部、データ処理部が収納されている。レーザ照射部より目標（爆発物）にレーザを照射し、生成するプラズマにより対象物を分解させ、受光部で発光を分光して、データ処理を行う。本装置を用いて、さまざまな爆発物および類似化合物に対して屋外環境下で発光スペクトルを取得し、遠隔での検知特性を検証している。

⑵　高感度爆薬採取・分析システムの研究

　陸上装備研究所では、IED表面に付着した微量爆薬を遠隔操縦による爆薬採取が可能な無人器材（以下「無人器材」という）により採取し、抗原抗体反応と表面プラズモン共鳴（Surface Plasmon Resonance：SPR）による高精度な分析が可能なシステムの創製を目指した研究に取り組んだ[4-12]。**図4-15**に本研究のコンセプト、**図4-16**に抗原抗体反応とSPRを利用した高感度爆薬分析技術について示す。

　IEDを作製する際に、ごく微量の爆薬がIEDの表面に付着する。本研究では、この微量の爆薬に着目し、本無人器材によりIED表面に付着している爆薬をサ

図4-15 高感度爆薬採取・分析システムの研究のコンセプト

ンプルとして採取し、爆薬分析器にて高感度分析を行うことを目指した。

　無人器材は、平坦地走行に有利なタイヤと不整地を走破可能なクローラを備えており、路面状態に合わせて、効率的な移動が可能である。無人器材の制御は無線で行うことができ、50m以上離れたところから操作可能である。搭載されているカメラは遠隔操作および周辺の情報の確認に用いる。爆薬採取は拭き取り

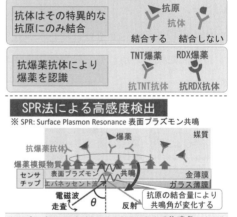

図4-16 高感度爆薬分析技術

と吸い込みの2手法が可能であり、対象物上の採取位置を遠隔モニタで選択することで、自律採取する機能も備えている。

　爆薬の分析には抗原抗体反応を利用し、爆薬を認識した抗爆薬抗体を表面プラズモン共鳴の原理を利用して高感度に検出している。本研究は2013（平成

121

25）年度から実施しており、SPR分析器を用いた爆薬の分析手法と無人器材の爆薬採取方法の実証を行った。

　試験では、希薄な爆薬を塗布した模擬IEDを野外に設置し、無人器材を使用することでサンプルの採取を行い、得られた試料について爆発物の検出をSPR分析器で行った。その結果、離隔した安全な位置から遠隔操作により模擬IEDの表面試料を採取し、高感度の分析をするという一連の運用の模擬に成功し、本システムの有用性を確認できた。

⑶　IED走行間探知技術の研究

　陸上装備研究所では、2015（平成27）年度から2017（平成29）年度にかけて、IED走行間探知技術の研究試作を実施した（**図4-17**）。本研究試作では、前述した⑴アの成果をもとに探知センサを小型化し、陸上自衛隊の車両である高機動車に搭載した。データ処理速度を迅速化してリアルタイムで目標物の位置を示す自動探知機能の搭載や、複数探知方式の統合による探知性能の向上等も目

図4-17　IED走行間探知技術の研究試作

指した。

　探知センサは、マイクロ波レーダ、ミリ波レーダおよび赤外線カメラで構成されている。各センサの探知結果は、自動探知機能および統合処理機能も含め、車内に搭載した解析装置でリアルタイムに処理され、状況監視用の可視カメラで撮影した進行方向の画像に探知結果が重畳表示される。そのため運転者および同乗者は、車内に設置したモニタによって、走行しながら探知結果を確認することが可能である。

　防衛装備庁千歳試験場で実施した性能確認試験結果の一部を紹介する[4-13]。本試験では、千歳試験場の火山灰土の走行路に目標物を埋設し、車両で走行することによって目標の検出を行った。目標には、ダミーの155mm砲弾と直径300mmの模擬地雷を使用した。**図4-18**(a)に示すように、ダミーの155mm砲

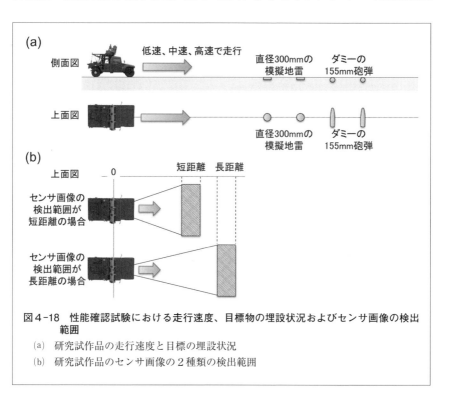

図4-18　性能確認試験における走行速度、目標物の埋設状況およびセンサ画像の検出範囲

　(a)　研究試作品の走行速度と目標の埋設状況
　(b)　研究試作品のセンサ画像の2種類の検出範囲

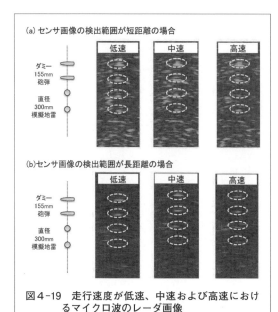

(a) センサ画像の検出範囲が短距離の場合

低速　中速　高速

ダミー
155mm
砲弾

直径
300mm
模擬地雷

(b) センサ画像の検出範囲が長距離の場合

低速　中速　高速

ダミー
155mm
砲弾

直径
300mm
模擬地雷

図4-19　走行速度が低速、中速および高速におけるマイクロ波のレーダ画像
(a)　センサから目標までの距離が短距離のもの
(b)　センサから目標までの距離が長距離のもの

弾と直径300mmの模擬地雷をある埋設深さで走行路に設置した。ダミーの155mm砲弾は、車両の進行方向と直角に埋設した。車両は低速、中速および高速の3種類の速度で走行した。走行時には、(b)に示すように、短距離と長距離の2種類の検出範囲で走行路のセンサ画像を取得した。

図4-19に、二つの検出範囲で得られたマイクロ波のレーダ画像を示す。レーダ画像に及ぼす走行速度と検出範囲の距離による違いを確認した。ダミーの155mm砲弾の信号強度は直径300mmの模擬地雷の信号強度よりも高く、センサから目標までの距離が長くなるにつれて信号強度は減少した。本試験では、車速の違いは信号強度にほとんど影響を及ぼさず、速度を上げても目標を検知できることが分かった。

2.5　米陸軍における取組について

　IED走行間探知技術の研究では、広大な地雷探知試験場をもつ米陸軍のユマ試験場においても試験を実施した。図4-20にIED走行間探知技術の性能確認試験の状況を示す。同時期に、米陸軍C5ISRセンター（Command, Control, Communications, Computers, Cyber, Intelligence, Surveillance and Reconnaissance Center）の暗視電子センサ部（Night Vision and Electronic

図4-20　ユマ試験場における試験状況

図4-21　日米のIED探知技術の研究試作品

Sensors Directorate：NVESD）による複数のIED探知技術の研究試作品の試験も実施された。日米の研究試作品が一同に会した様子を図4-21に示す。

　図4-21左より、STALKER（米）、IED走行間探知技術の研究試作品（日）、TEMPLAR（米）、ALARIC（米）およびHBADS（米）である。

　STALKER（ストーカー・システム）は、米国パシフィックノースウェスト国立研究所（Pacific Northwest National Laboratory：PNNL）が開発した高解像度三次元レーダ画像システムであり（C5ISRセンター暗視電子センサ部が支援）、路肩に隠ぺいされた爆発物を探知することを目的としている[4-14]。

　TEMPLAR〔Technology Enabling Modular Prototype Low Aerial Radar：低空レーダの試作品計測装置（仮訳）〕は、最近開発されたモーターのない実験用レーダシステムで、C5ISRセンター暗視電子センサ部と米陸軍研究所（Army Research Laboratory：ARL）が協力して研究を実施している[4-15]。一人で操作できる、低周波数（500MHz〜1,500MHz）という特徴をもち、小型無人航空機から観察できるデータを近似した情報を取得することを意図している。

　ALARIC〔Army Look Ahead Radar Impulse Countermine：陸軍地雷対処用前方監視レーダ（仮訳）〕は、C5ISRセンター暗視電子センサ部の地雷対処部

門で研究が進められてきた前方監視型地中探査レーダであり、低周波数の超広帯域レーダ技術を用いて、埋設や隠蔽された目標を探知するものである[4-16]。

HBADS〔High Bandwidth Acoustic Detection System：高帯域幅音響検知システム（仮訳）〕は、C5ISRセンター暗視電子センサ部が研究している探知機である。民生用の不整地走行可能な車両に音響センサを載せてあり、能動的に音波を出して地面の目標を画像化する合成開口空気音響システムである[4-17]。

図4-21の通り、C5ISRセンターの暗視電子センサ部ではIED検知について多種類の方式の研究が並行して実施されており、米陸軍においても、IEDの脅威への対応は引き続き必要であるものと推察される。

本項ではIED探知技術および処理技術の概要について述べるとともに、陸上装備研究所で実施しているIED探知技術に関する研究について紹介した。また米陸軍での取組についても記載した。依然IEDの脅威は続いているが、IEDはさまざまな形態、さまざまな設置のものがあり、防御することは決してたやすくない。隊員の安全性を向上させる装備品を実現するためには、高性能な探知センサの開発やデータ処理に最新の技術を適用するとともに、無人機への搭載に係る取り組みが急務である。陸上装備研究所では、現場で役立つ装備品の実用化に向け、IED探知・処理技術の研究開発を一層推進していく所存である。

（森田　淳子）

3. 橋梁および応急埠頭技術

3.1 浮橋と戦車橋

　自衛隊で使用する橋梁技術は固定橋技術、浮橋技術および戦車橋技術に分けられる。一般的に固定橋および浮橋は後方支援に使用されるが、戦車橋はいわゆる戦闘支援橋と呼ばれ、戦闘地域において戦闘部隊を支援する役割がある。これら橋梁技術における諸外国軍隊の基本的な考え方は、最小限の時間で橋梁の架設、部隊の通過および橋梁撤収を完了するという点では、わが国と同じであり、部材の軽量化・標準化により架設作業を迅速化・単純化するとともに、今後は、架設作業の自動化・省力化が追求されるものと思われる。

　近年、自衛隊部隊の機動展開能力向上のため、施設科部隊の保有する橋梁等を用いた機動支援能力の向上が求められている。また大規模災害時の民生支援における活用事例も注目されており、平成23年3月に発生した東日本大震災では、各種自衛隊用橋梁が数週間から数ヵ月間にわたって交通路の確保に使用された。さらに近年においては、島嶼部に対する攻撃への対応のための事前の部隊展開および水陸両用作戦に引き続く後続部隊の揚陸支援等の他、港湾等が破壊された場合や、自然災害による港湾の使用が困難な場合や洋上の輸送船舶から陸上に揚陸するための揚陸支援器材のニーズが高まりつつある。本項では、これら橋梁技術および、応急埠頭と呼ばれる揚陸支援器材に関して、主に米国での開発および運用状況について述べていく。

3.2 各種橋梁技術の概要

(1)　固定橋技術

　固定橋とは、水に浮かべないで河川等に架設する橋の総称である。陸上自衛

図4-22　半自動プロセスによる固定橋の
架設例[4-18]

隊が装備品として保有する固定橋には、07式機動支援橋、81式自走架柱橋、パネル橋MGB等がある。また一般資材を使用して木桁橋、鋼桁橋等を構築することもできる。橋梁通過に当たっては、橋の耐荷重を知る必要があり、軍用橋の耐荷重は橋梁等級〔MLC：Military Load Classification（米トンで表した通過可能な車両の質量）〕で表現される。

　有事においては兵員および火器・弾薬等の迅速かつ大量輸送が必要となり、短時間での橋梁架設が要求されるため、橋梁部材の軽量化、架設方式の改良を行い迅速化、単純化するとともに自動制御による架設作業の省力化が求められる。

　英国WFEL社製の軍用橋（最大MLC120）[4-18]は、1時間以内で架設でき、手動および半自動プロセスで構築される。架設例を図4-22に示す。このような架橋システムは、自然災害など緊急性を要する救援活動を支援可能である。WFEL社製のDSB（Dry Support Bridge）は新世代の架橋である。架橋プロセスに、簡易で高速配置可能な展開能力を有しており、8名の人員と1両の進入車両で展開可能で、90分以内で46m以上の橋長を架設できる。DSBは軍事および災害救援状況での仕様として設計・検証されている。また桁橋ユニットは軽量で容易に移送可能なため、軍事以外では自然災害などにも適用される。

⑵　戦車橋技術

　作戦地域には、対戦車壕や小流・地隙のように、戦車や他の車両などが自力で通過できない人工および天然の障害物が存在する場合がある。このような障害物を短時間で通過するため開発された器材の一つが戦車橋である。戦車橋は

戦闘の最前線で戦車とともに行動するため、戦車と同程度の機動力および防護力が必要である。従って、各国の戦車橋は、その橋梁構造および架設方式により各種存在するものの、主としてともに行動する戦車の車体を使用し、機動性、防護性を確保している点は共通している。さらに、その開発に当たっては、橋梁等級や橋長の増大、高機動化および軽量化が追及されるとともにファミリー化が図られている。戦車橋は橋長が約20m前後、MLCが50～60であるのが一般的であり、橋梁構造には単スパン型と橋体分割型がある。

架設方式としては、折り畳み方式（シザース方式）と水平繰出し方式がある。折り畳み方式は、橋の中央部をヒンジで連結し折り畳み、展開可能とした構造の橋で、架設時に橋体を上方に持ち上げるために発見されやすいが、パイプライン等の障害物を跨いで架設できる長所がある。一方、水平繰出し方式は、重ねて搭載した橋節を前方に押し出して架設する方式であり、架設時に低姿勢を確保できるため秘匿性がよいが、折り畳み方式のように障害物を跨いでの架設はできない。戦車橋はその方式から、幾つかの世代に分類することができる。

折り畳み方式の戦車橋を第1世代とすると、1990年代までに開発された水平繰り出し式単径間（径間：橋台もしくは橋脚間の距離）の橋梁を架設できる戦車橋が第2世代、そして2000年代以降に開発された、短径間橋梁・長径間橋梁の使い分けおよび装輪車搭載橋との橋体の共通化が図られた戦車橋を第3世代と定義できる。わが国では、第2世代に分類される91式戦車橋（MLC60、径間長20m/有効長18m）を装備している。第3世代の戦車橋としてGeneral Dynamics European Land Systems社製のパイソン[4-19]（図4-23）は、例えば米国陸軍Stryker brigadesのような機甲化歩兵隊へ戦略的機動性を

図4-23　各種車両に適用可能な戦車橋[4-19]

与えるアルミニウム合金で製造された戦車橋であり、最大MLC50の装輪車両に対し、最大13mの横断を可能にする。パイソンは、敵からの秘匿性が高く水平方向に繰り出し連結し、配置する架設方式である。橋体部を搭載した車両はC-130で空輸可能である。橋体部本体はCH-47ヘリコプターでつり下げ貨物として輸送される。パイソンは2007年より米国陸軍で使われている。また臨時の架橋能力が必要となった場合、調整可能な架橋キットで種々の機甲車両等に対応できる。

⑶ 浮橋技術

　浮橋は水に浮かべて架設する橋であり、ブロックに分かれた浮体を水面上で連結し、この連結された浮体上に車両等が通過する橋床を構築する。浮橋は、浮体の浮力で橋床にかかる荷重を支持する方式であるため、理論的には橋長をいくらでも長くできる。

　現用の浮橋は、輸送車両と橋節（浮体）とが分離する分離式浮橋と分離しない自走浮橋とに分類される。分離式浮橋の橋節の特徴としては、多くの国でアルミニウム合金製の中空浮体を採用しており、川面に落下した後、自重、浮力およびワイヤを利用した展開機構の作用で自動的に展開する。この展開した橋節を渡河ボートで曳航して浮橋を架設する。流速約2.5m/sの河川で、MLC60～70の橋を架設できる機能のものが多い。

図4-24　遠隔操作技術による省力化[4-21]

　最新の浮橋の例として、フランスのPFM Motorized Floating Bridge[4-20] は、最小限のマンパワーで浮橋あるいは門橋（浮橋等を結合した渡河器材）を組み立てることができ、各部材にポリウレタンが使用されているのが特徴である。図4-24に示す通り、遠隔操作による橋の展開

が可能で、動力ボートが不要である。従来橋に比べ、遠隔操作技術により省人化でき、100mの橋の組み立てに従来42人の作業員が必要なところを、33人に削減することが可能である。また従来、トラック4台の積み荷であったところをトラック2台分とし、短いランプを統合したモジュールにより20mのフェリーが構築可能という利点があるとされている（図4-25）。

　一方、非分離式である自走浮橋の最大の特徴は、部隊機動の無停止渡河を可能にする水陸両用性であり、橋節を搭載した水陸両用車がスクリューまたはポンプジェット推進器により河川内を移動し、各車両に搭載した橋節を逐次連結することにより浮橋を架設する。自走浮橋は高度に機械化、自動化されているため非常に高価であり、かつ、保守整備性も悪いため、費用対効果の面から最

近は世界各国で敬遠され気味であったが、2010年代になると再び自走式浮橋の採用例が増加している。

　諸外国の自走浮橋として、図4-26にドイツ、英国等が保有するM3 amphibious bridging and ferrying system[4-23] を示す。主なスペックとしては乗員3名、重量25t（長さ13.03m、車幅6.57m、高さ3.97m）、直列6気筒9.3Lのディーゼルエンジンで水上での最高速度は14km/hの機動性をもつ。本システムは1994年にドイツでプロトタイプが開発され、1999年からドイツと英国で配備開始された。現在、英国38、ドイツ30、台湾22

図4-25　短いランプを統合したモジュール[4-22]

図4-26　ドイツの M3 amphibious bridging and ferrying system

図4-27　Armored Amphibious Assault Bridge（AAAB）

（セット）がそれぞれ配備されている。

　図4-27にトルコ陸軍が保有する自走式浮橋としてArmored Amphibious Assault Bridge（AAAB）[4-24] を示す。乗員3名、重量36t（長さ13m、幅3.5m、高さ4.1m）、ディーゼル機関（522hp）を有し、陸上での最高速度は50km/h、水上での最高速度は10km/hの機動性をもち、2011～2013年に合計52台を配備している。

⑷　その他の橋梁に関する技術

　その他の橋梁に関する技術として、それぞれの方法に共通した軽量化の技術がある。現在、より軽量な橋梁技術として、主要構造部材に現有のアルミ合金に代わり複合材を適用する試みが国内外で行われている。この技術は将来の各種自衛隊用橋梁への適用可能性として、径間長の延伸、架設作業の迅速化、各種車両への搭載性の向上といった性能向上に寄与する構成要素技術である。橋梁の主要構造部への複合材適用において、近年、航空宇宙分野で盛んに使用されている炭素繊維強化プラスチックス（Carbon Fiber Reinforced Plastics：CFRP）（以下「CFRP」という）の適用による軽量化技術の検討が行われている。

　軍用橋梁へのCFRPの適用に関しては、米国において研究が進んでいる。米国の研究動向を表4-3に示す。当時TARDEC（戦闘車両研究開発技術セン

表4-3　米国の研究動向[4-25)]

名　称	MCB/AMCB	CAB	CJAB
外　観			
径間長	10m〜26m（可変）	14m	24m
橋梁等級	MLC65	MLC70	MLC85
研究着手年	2005年	2005年	計画中
備　考	架橋タイプの部分構造模型と推定	戦車橋タイプ	戦車橋タイプ

ター：Tank Automotive Research, Development and Engineering Center)、現GVSC（陸上車両システムセンター：Ground Vehicle Systems Center）により、2005年頃よりMCB（Modular Composite Bridge）の研究が行われ、さらにAMCB（Advanced Modular Composite Bridge）に発展している。これは固定橋タイプの軍用橋梁でありMLC65、径間長を10m〜26mの可変とし、C130輸送機で空輸可能な質量・寸法を達成することが目標とされている。現在までに可変径間長を実現するため橋節間の連結部分をCFRP材の一体構造とした供試品の部分構造模型が製作され、試験機を用いた要素試験が行われた。

　2005年から2011年にかけてDARPA（国防高等研究計画局：Defense Advanced Research Projects Agency）によりCAB（Composite Army Bridge）が試作された。表4-3に示すCABは、MLC70、径間長14m/有効長12m、橋体部質量8tの戦車橋形態の試作橋であり、地面と接触する端部をアルミ材、床版をバルサ材とした以外は、ほぼすべての主要構造がCFRPで製造されている。一方、実用戦車橋としては、分割・可動部を有さない一体構造としている。CABは試作後、TARDECにより試験が行われ、M1A1戦車、M1A1戦車を牽引したM88戦車回収車およびM1A1戦車を積載したHET重トレーラを延べ2,000回通過させ、耐久試験が実施された。2015年以降は長期環境曝露試験に供されている。

　さらにTARDECでは、2015年からCABよりもさらに実用レベルに近い技術としてCJAB（Composite Joint Assault Bridge）の開発が計画されている。CJABは、現在開発中の統合戦車橋（JAB：Joint Assault Bridge）のアップグレード計画であり、鋼鉄製のJAB橋体の主要構造部材をCFRPに置き換えるものである。計画されている諸元は、目標径間長24m、質量13t、架設／撤収時間それぞれ3分以内、JABの搭載車両や架設機構との互換性を有するものである[4-25]。

　本邦においても陸上装備研究所は、将来の自衛隊用橋梁の主要構造部へのCFRP適用可能性の検討を実施している。平成27〜28年度にCFRPの材料試験を実施し、構造材料としての許容値についてデータを取得した。また材料試験により得られた特性値、許容値を用いて構造解析を行い、選定した材料を実際の橋梁に適用した際、最大軽量化の見積を目的として検討を行った。その後、平成29年度より橋梁構成要素の部分モデルを試作し、径間長の延伸や架設時間の短縮等、橋梁器材の高性能化を目標に、戦車橋をベースに検討を進めている。目標性能としては、器材運用性の向上および運搬用車両や架設機構のコンパクト化を図るため、現有品に比べ約25％の軽量化を目指している。

　このように将来橋梁システムの高性能化に必要不可欠な構造の軽量化に資すると考えられる橋梁構造軽量化技術を確立することにより、現有橋梁装備の改良・改善等に反映させることが可能である。**図4-28**に軽量橋梁の運用構想を示す。

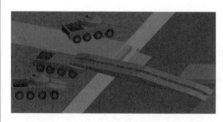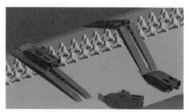

図4-28　有事や大規模災害時に使用可能な将来軽量橋梁（運用構想図）[4-26]

3.3　揚陸支援技術

⑴　背景および現状

　島嶼部に対する攻撃への対応のための事前の部隊展開および水陸両用作戦に引き続く後続部隊等の揚陸支援、ならびに大規模な震災で港湾等が被災した状況下での人員・物資の輸送支援が必要となっている。こうした状況下で陸上部隊の迅速な揚陸・渡河を可能とし海上、水際部、河川等での省人化による隊員の負担軽減を目指す揚陸・渡河支援器材の検討が必要である。防衛装備庁陸上装備研究所においては、応急埠頭関連の研究として平成29年度から平成30年度にかけて、応急埠頭システムに関する要素技術である埠頭部と輸送船舶との連接性に関する検討を行った。また基礎的検討として、現在、桟橋部として検討を予定しているゴム浮のうタイプに関して、膜材の構造解析等を実施した。令和元年度から令和３年度にかけて実施している特別研究では、主に桟橋部に関する技術的な検証を水槽試験やシミュレーションを用いて解析を進め、実運用に供し得る桟橋部設計に資する条件を検討している。

　桟橋部の設計においては、海上での使用の際、重要となる波浪の影響について十分考慮された設計が要求される。その中で、波浪影響の指標として平均有義波がある。平均有義波の定義としては、波群の中で波高の大きい方から数えて１/３の数の波についての波高の平均（$H_{1/3}$）と周期の平均（$T_{1/3}$）で表わされる量であり、不規則な海洋波の代表値として広く用いられているものである。しかしながら、不規則な海洋波の波高の分布は、レーリー分布にほぼ近似できることが知られており、最高波高（H_{max}）は、平均有義波高（$H_{1/3}$）を大幅に上回る性質があることに留意しなければならない。一般に100波観測した際には、平均有義波高（$H_{1/3}$）の1.6倍の波が、1,000波になると2.0倍の波が観測されるといわれる。海洋構造物の設計では、$H_{max}=H_{1/3}\times2.0$が用いられることが多い[4-27]。数時間〜数十分で、海域を通過する水陸両用車に対して、構築・運用に長時間費やし、長時間（数日）波浪に曝されることになる揚陸支援器材で

は、風浪階級3（平均有義波高〜1.25m）の海域において運用を保証するならば、設計上の強度保証は、風浪階級4（〜2.5m）までなされるべきとされている。よって、本研究により応急橋梁技術を実施することで、将来の人員・物資の迅速な揚陸や渡河が可能となる器材技術を確立することができる。

(2) 米国における揚陸支援システムの現状

米国においては、世界各地への戦力投射のため、海軍および陸軍が種々の揚陸システムを保有している。米国の揚陸支援システムは、桟橋部や埠頭部を構築する構造物以外にも、これらの装備との連接、構築をあらかじめ考慮して整備された多種多様な輸送艦や支援艦艇等を基盤とした、きわめて大規模な装備体系となっている。米国の応急埠頭システムの概要を**表4-4**に示す。

INLSは、米海軍が現在運用をしており、プラットフォームとしての舟橋（pontoon）セクションで構成され、コーズウェイフェリー、ロールオン／ロールオフ荷揚げ荷下ろし設備（RRDF）（**図4-29**）、ワーピングタグボート等、さまざまに組み合わせて使用される（**表4-5**）。コーズウェイフェリーは、船から海岸までの車両や大型貨物の荷船として使用され、最高速度は12ノット。フェリー用として12のモジュールの組み合わせで構成されている。各フェリーア

表4-4　米国の応急埠頭システムの概要

名　称	ELCAS[4-28] （米海軍：現有）	INLS[4-29] （米海軍：現有）	MCS[4-30] （米陸軍：現有）	LMCS[4-31] （米陸軍：開発中）
外　観				
基本ユニット	巨大	40ftコンテナ同寸 （高さ方向超過）	40ftコンテナ同寸	20ftコンテナ同寸
輸送性	陸上輸送不可	陸上輸送不可	トレーラ運搬	トレーラ運搬
耐波浪性	不明	SS3	SS2	SS2
揚陸能力	大	大	大	小
輸送構築所要	激大（負担重）	大（負担重）	大（負担重）	良好（負担軽）

ELCAS：ELevated CAuseway System
INLS：Improved Navy Lighterage System
SS：Sea State（風浪階級）

MCS：Modular Causeway System
LMCS：Lightweight Modular Causeway System

センブリには、パワーセクション（エンジンとコントロール付き）、中間セクションおよびビーチセクション（ランプ付き）があり、コーズウェイフェリーを海上において2時間弱で組み立てが可能である。RRDFは、240×72フィートの浮体輸送ドックとなる。波と風に応じて、RRDFを組み立てるのに18～24時間を要する。戦車およびその他の車両は、船の傾斜路からRRDFに降ろし、次にフェリーやエアークッション船（LCAC）などの輸送船を待つことが可能である。

ワーピングタグボート（曳舟）は、RRDFを組み立て後の押しや引張り等の操作を行うボートである。

図4-29　INLSロールオン／ロールオフ荷揚げ荷下ろし設備[4-32)

表4-5　INLSの主要諸元[4-29)

船　数（7デザイン）	191
長　さ	23.8～26.5m
幅	7.3m
深　さ	2.4m
速　度	10kt
排水量	115～209lt

　MCSは既存の港湾施設を増強したり、浅瀬や低傾斜のビーチのために港が利用できない場所での揚陸作戦を実施したりするための陸軍の主要な器材であり、相互運用可能で交換可能なコンポーネントの集合体である。MCSは、輸送船舶等からの車両等の積み下ろし、洋上での展開、フェリーおよびタグボートとしての機能など、さまざまな組み合わせのモジュールで主に四つのサブシステムで構成されている。図4-30に四つのサブシステムで構成されるMCSの全体像を示す。個々のモジュールは、サイドツーサイドコネクタとエンドツーエンドコネクタの両方で接続されている。図4-31にコネクタアセンブリ、図4-32にコネクタの構成を示す。左右のコネクタは、噛み合ったときに相互に噛み合うオスとメスの両方の部品で構成されており、モジュールを完全に接続するため結合後は、せん断固定方式によりコネクタが強化され重い負荷に耐え

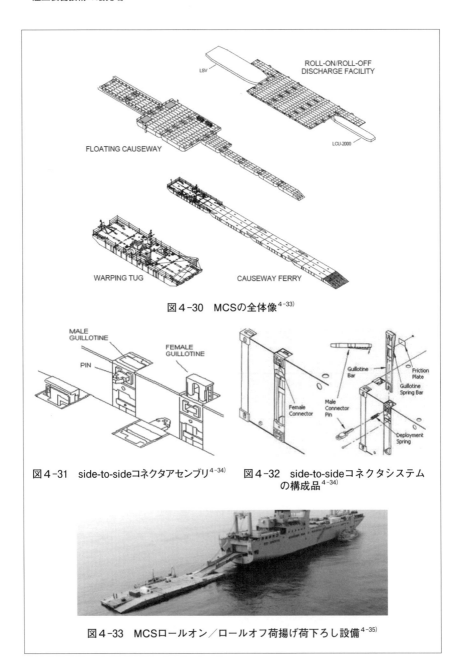

図4-30　MCSの全体像[4-33)]

図4-31　side-to-sideコネクタアセンブリ[4-34)]

図4-32　side-to-sideコネクタシステムの構成品[4-34)]

図4-33　MCSロールオン／ロールオフ荷揚げ荷下ろし設備[4-35)]

られる構造となっている。

RRDFは貨物船の隣に浮いている間、貨物を艀に移動する桟橋として機能する（図4-33）[4-35]。また貨物船またはRRDFから貨物を移動できる艀、艀から浜辺への貨物の移動のための浮桟橋としても機能する。

LMCS[4-36]~[4-37]は、既存の港湾施設の増強や、浅瀬や低傾斜ビーチで揚陸作戦を実施するための揚陸支援器材である。2006年以前は既存のシステムでは重量が重く、輸送および荷降ろしするために高積載能力のクレーンを備えた大型の深喫水船が必要であり、運用展開に膨大な時間と人力が必要であった。そこで、米国陸軍エンジニアリング研究開発センター（ERDC）のCoastal & Hydraulics Laboratory（CHL）において、既存のシステムをアップグレードおよび交換するためにLMCSコンセプトを開発し、従来のMCSと現代の戦術的な橋の両方のアイデアを融合したLMCS開発を行った。主な特徴としては、浮体に高強度合成繊維を使用し、結合部に二重圧縮ジョイントを使用し、疲労を最小限に抑えながら、繰り返し荷重に対し、信頼性の高い実用性を実現した。そのため耐久性のある結合部分により、M1A2主力戦車クラスの車両通過性能を備えているにもかかわらず重量はわずか272kg/ftであり、既存の軍用コンテナ等の車両による輸送が可能である。

LMCSの革新的な設計は、上部構造、浮揚要素（大きな膨張式チューブ）および双方向圧縮接続の三つの主要部分で構成されている。この設計により海岸に特別な施設なしでLMCSを設置できる。これによりLMCSは、既存の港湾施設が使用不能となる災害後の地域などの設置において、柔軟に適用可能である。2008年～2010年にさまざまな実際のシナリオに合わせた性能テストが行われ、2014年にはマレーシアでの訓練の際にLMCS

図4-34　船舶からブリッジングモードテスト

の航行・輸送テストが行われた。**図4-34**にテスト状況を示す。現在、次世代のLMCSが開発中である。この次世代のLMCSの目標は、更なる強度と剛性の要件を満たすことにある。

⑶　米国における揚陸支援（水陸両用作戦含む）の取組について

米国における揚陸支援業務（JLOTS：Joint Logistics Over-The-Shore）[4-38] として、位置づけられている主な業務としては、

① 港湾施設が損傷や利用不能、または運用上の必要性を満たすには不十分であるような厳しい地域において、船舶に貨物等を積み降ろすプロセス

② 部隊や装備および需品貨物等を戦術区域の近くに移動させるための手段の提供

③ 海軍と陸軍が（海兵隊は補佐的に参加）合同で揚陸支援に従事

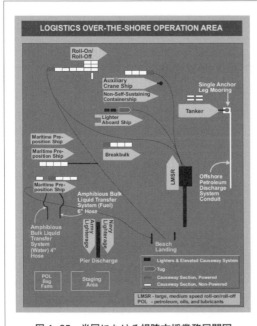

図4-35　米国における揚陸支援業務展開図

などがあり、内容としては荷物の荷揚げ、荷下ろしや軽量化処理（大きな機器等の分解輸送）および燃料供給／飲料水の貯蔵・配給システムの構築を主としている。**図4-35**にその展開図を示す。

米国における揚陸支援業務におけるドクトリンの変遷として、1992年においては敵または潜在的な敵による海岸への上陸を伴う攻撃として強襲、撤退、陽動、襲撃が主であったが、2002年以降は上陸部隊を陸上へ

導くために海上から行う軍事作戦として、強襲、撤退、陽動、襲撃に加え、水陸両用支援が追加された。これは戦闘以外の軍事作戦への適用として、地域安全保障・戦闘等抑止活動、人道支援・災害救援等の活動件数が増加しているためである。水陸両用作戦の様相の変遷に伴い、揚陸支援業務においてもその適用範囲が拡大している。

さらに米国はSea power 21として、シー・ストライク（Sea Strike：海上打撃力）、シー・シールド（Sea Shield：海上防楯）、シーベーシング（Sea Basing：海上拠点）の三つの概念を提唱（2002年）[4-39]している。**図4-36**に概要を示す。これは、世界中どこへでも移動し戦力投射能力を発揮するため、水陸両用機能の他にシーベーシングの必要性を明確に位置づけている。水陸両用作戦（Amphibious operation）との関係としては、シーベーシングが艦船から海岸部への展開に必要な作戦機動を提供することで、統合軍の（作戦区域への）円滑なアクセスが確保される上、陸上基地提供国の承認に依存する度合いを最小化させることが可能となる。また陸上に兵力を展開させ、補給物資を揚陸させるために必要な活動を最小限にでき、上陸部隊の脆弱性を減少させ、さ

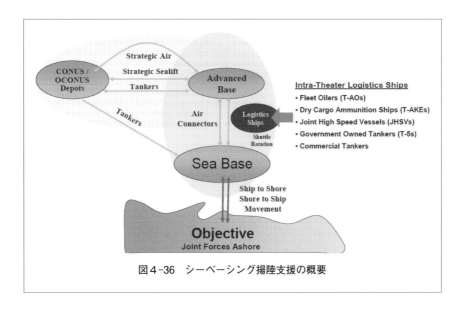

図4-36　シーベーシング揚陸支援の概要

らには作戦の機動性を向上させることができる。しかしながら、実現には大規模な海上ロジスティックスを必要とし、コストが増大する傾向となる。

　橋梁および応急埠頭技術について、諸外国の動向を交えて述べたが、施設器材における橋梁については、構造部材の高強度、軽量化および省人化に伴う架設自動化等の進展が望まれる。揚陸支援器材として応急埠頭のような海上からの器材に関しては、桟橋部の結合部の波浪に対する動揺特性が桟橋部に与える影響を十分検討する必要がある。多浮体連接動揺計算などによるシミュレーション技術を整備することにより実運用に近い桟橋部モデルに関する動揺解析等の検討が可能となる。今後、わが国でも揚陸支援システムとして技術的な成立性の検討に資するための基礎的な検討を引き続き進めていく予定である。

（山田　順一）

142

＜参考文献＞

1-1） http://fortbenningausa.org/wp-content/uploads/2017/04/03-Mission-Command-Breakout.pdf

1-2） https://www.generaldynamics.uk.com/solutions/c4i-systems/bowman/

1-3） http://www.portierramaryaire.com/fichas/leclerc_3.php

1-4） https://www.kmweg.com/home/additional-services/command-and-control-systems/ifis.html

1-5） 友納正裕、SLAM入門、オーム社.

1-6） 曽根原光治、生川俊則、ロボット車両と技術、IHI技報、Vol.55　No.3（2015）.

1-7） 上村圭右、防衛省技術研究本部の研究紹介2014第3回「CBRN対応遠隔操縦作業車両システムの研究」、防衛技術ジャーナル2014、6月号.

1-8） https://www.army-technology.com/projects/uran-9-unmanned-ground-combat-vehicle/

1-9） Mizokami Kyle, "Russia's Tank Drone Performed Poorly in Syria", Popular Mechanics., June 18, 2018.

1-10） 防衛装備庁技術シンポジウム2018発表要旨.

1-11） The U. S. Army Robotic and Autonomous Systems Strategy（RAS）　http://www.arcic.army.mil/App_Documents/RAS_Strategy.pdf

1-12） Kevin Lilley, "Driverless Army Convoys: 6 Takeaways from the Latest", Army Times, July 1, 2016.

1-13） Army Briefing, PM Force Projection Overview, February 28, 2017.

1-14） U. S. Ground Forces Robotics and Autonomous Systems（RAS）and Artificial Intelligence（AI）: Considerations for Congress, update Nov., 2018., pp.23-25., https://fas.org/sgp/crs/weapons/R45392.pdf

1-15） http://www.mechatronics.me.kyoto-u.ac.jp/modules/kenkyu/index.php?content_id=25

1-16） 稲田ら、"地上移動型群ロボットを用いた群制御アルゴリズムの検証"、宇宙航空研究開発機構研究報告会、JAXA-RR-09-005、2010.

1-17） 林、李、島田、"全方向移動車を用いた群ロボットの自律分散制御"、第57回自動制御連合講演会、2014.

1-18） 2018年度人工知能学会全国大会　企画セッション「AIに関わる安全保障技術をめぐる潮流」　http://ai-elsi.org/archives/725

1-19） 一般財団法人　自動車検査登録情報協会、https://www.airia.or.jp/publish/statistics/trend.htm

1-20） "Trend of Next Generation/Zero Emission Vehicle and Policy in Japan", METI, Japan 2018. Apr.

1-21） 「自動車新時代戦略会議　中間整理」、自動車新時代戦略会議、平成30年8月31日.

1-22） 「「ハイブリッド自動車等の車両接近通報装置」及び「前照灯の自動点灯機能」を義務付けます。」、国土交通省自動車局、平成28年10月7日.

1-23）藤本博志　他、「ハイブリッド自動車技術」、自動車技術（自動車技術会）、2016.1.

1-24）椿尚実、「電気駆動システム」、防衛技術ジャーナル（防衛技術協会）、2003.11.

1-25）Peter DiSante, et al., "Hybrid Drive Partnerships Keep the Army on the Right Road", RDECOM Magazine, 2003.6.

1-26）Gus Khalil, "TARDEC Hybrid Electric Program Last Decade", US Army RDECOM-TARDEC, 2010, 11.

1-27）William Riker, "Advanced Hybrid Electric Wheel Drive（AHED）& Robotics – New Dimensions in Vehicle Design", VIITH European Armoured Fighting Vehicle Symposium, General Dynamics, 2002.3.

1-28）Tobias Bergquist, et al., "Alternative layouts for 25-30 variants of SEP", Master's thesis, Luleå University of Tehchnology, 2008.

1-29）Keith Campbell, "ELECTRIC DRIVE New propulsion system under test for army's fighting vehicles", Engineering News Vol. 26 No. 42, 2006.11.

1-30）https://commons.wikimedia.org/wiki/File:Rooikat_K9,_Waterkloof_Lugmagbasis. jpg

1-31）https://www.digitalengineering247.com/article/saving-fuel-saves-llives/

1-32）http://en.c4defence.com/MagagineNews/hybrid-research-on-land-vehicles--vab-mk-iii-electer/1005/2

1-33）http://www.defesanet.com.br/en/land/noticia/26898/The-hybrid-drive-pioneer-puts-on-a-show-for-the-MEDEF/

1-34）https://general-dynamics.defence.ru/article/499/

1-35）https://www.torquenews.com/1080/russia-develops-stealthy-hybrid-armored-troop-carrier

1-36）堺和人　他、「ハイブリッド自動車用高出力・高効率の永久磁石リラクタンスモータ」、東芝レビュー、Vol.60　No.11、2005.

1-37）Per Dalsjø, "Hybrid electric propulsion for military vehicles Overview and status of the technology", FFI-rapport 2008/01220, Norwegian Defence Research Establishment, 2008.6.

1-38）MIL-PRF-32565B "PERFORMANCE SPECIFICATION BATTERY, RECHARGEABLE, SEALED, 6T LITHIUM-ION", 4 February 2019.

1-39）http://smtp-lax3.ld.com/archive/2019/05-May/31-May-2019/FBO-05325710.htm

1-40）山崎雅也、「パワー半導体業界―電動化により成長加速―」、財界観測（野村）、2018.4.

1-41）「世界初！制御装置にフルSiC適用のVVVFインバータを採用　通勤車両1000形のリニューアルに着手！～運転電力を従来比20％から最大36％削減～」、小田急電鉄株式会社、平成26年4月30日.

1-42）「更なる省エネへの挑戦！！　銀座線1000系新造車両にPMSMとSiCを用いた主回路システムを採用　これらの組合せによる主回路システムの採用は世界初となります。」、東京メトロ、平成26年9月24日.

1-43）「SiC素子の採用による新幹線車両用駆動システムの小型軽量化について」、東海旅客

鉄道株式会社、平成27年6月25日.

1-44)「SiC、量産車に初搭載－ホンダの新型FCVが採用」、https://eetimes.jp/ee/articles/1603/11/news117.html

1-45)「トヨタ自動車、新素材SiCパワー半導体搭載車両の公道走行を開始」、https://global.toyota/jjp/detail/5725437

1-46) Xiaorui Guo, et al., "Silicon Carbide Converters and MEMS Devices for High-temperature Power Electronics: A Critical Review", Micromachines 2019, 10, 406; doi:10.3390/mi10060406

1-47) https://www.geaviation.com/commercial/systems/silicon-carbide

1-48) 吉川毅　他、「ハイブリッド動力システムの研究」、防衛装備庁技術シンポジウム2019発表要旨、2019.11.

1-49)「外部評価報告書「車両コンセプトデザイン技術の研究」」、防衛省技術研究本部、平成21年12月1日.

1-50) 佐々木秀明　他、「軽量戦闘車両の研究」、防衛装備庁技術シンポジウム2017発表要旨、2017.11.

1-51) 安川宏紀、吉村康男、"船舶操縦予測のためのMMG標準法入門"、海洋科学技術ジャーナル　Vol.20、pp.37-52、2015.

1-52) 元良誠三監修、"船体と海洋構造物の運動学"、pp.49-50、1992.5.

2-1）防衛省、"平成30年度版「日本の防衛—防衛白書」"、2018年、p.320.

2-2）NDS Y0001D、"防衛省規格　弾薬用語"、2009年.

2-3）弾道学研究会、"火器弾薬技術ハンドブック"、2012年.

2-4）https://fas.org/man/dod-101/sys/land/sadarm.htm

2-5）https://www.mofa.go.jp/mofaj/gaiko/arms/cluster/0805_gh.html

2-6）https://www.mofa.go.jp/mofaj/gaiko/arms/cluster/

2-7）Thomas Falter, "Initiation Controlled Multimode Warheads", DBD E-MK, Sep. 2008

2-8）Jane's Fighting Ships, https://janes.ihs.com/Janes/Display/jfs_0631-jfs_

2-9）Jane's Fighting Ships, https://janes.ihs.com/Janes/Display/jfs_0623-jfs_

2-10）Jane's Fighting Ships, https://janes.ihs.com/Janes/Display/jfs_6017-jfs_

2-11）Jane's Land Warfare Platforms: Armoured Fighting Vehicles, https://janes.ihs.com/Janes/Display/jaa_a062-jafv

2-12）Jane's Land Warfare Platforms: Logistics, Support&Unmanned, https://janes.ihs.com/Janes/Display/jmvla108-jlsu

2-13）Jane's Defence Weekly, https://janes.ihs.com/Janes/Display/jdw60701-jdw-2016,07-Jan-2016

2-14）閣議決定（30.12.18）"平成31年度以降に係る防衛計画の大綱について".

2-15）閣議決定（30.12.18）"中期防衛力整備計画（平成31年度～平成35年度）について".

2-16）土屋繁樹、内堀洋、大島明、江口和樹、「スーパーキャビテーションによる水中高速航走に関する基礎研究」、三菱重工技報 Vol.50 No.3（2013）.

2-17）Navy Lasers, Railgun, and Hypervelocity Projectile: Background and Issues for

Congress, Specialist in Naval Affairs, November 30, 2017.

2-18) Tadd T. Truscott, Brenden P. Epps, and Jesse Belden, 2014."Water Entry of Projectiles", Annual Review of Fluid Mechanics, Vol.46, pp.355-78, 2014.

2-19) Yoshihisa Ueda and Toyoki Matsuzawa, 2017, "Studies on Supercavitating Underwater Projectile for Maritime Defense Applications", MAST Asia 2017.

2-20) https://www. nextbigfuture. com/2017/10/supercavitating-rounds-for-underwater-targets. html

2-21) Steven Ashley, Warp Drive Underwater, Scientific America, February, 2002.

2-22) N. Chopra, E. V. K. Kamboj, "E-BOMB," International Journal of Enhanced Research In Science Technology & Engineering, 2013.

2-23) N. Swietochowski, "The History and Use of Electromagnetic Weapons," History and Politics, 2018.

2-24) 防衛装備庁、https://www.mod.go.jp/atla/soubiseisaku/vision/rd_vision_kaisetsuR0203_01.pdf.

2-25) 武蔵エナジーソリューションズ株式会社、https://www.musashi-es.co.jp/lithium-ion-capacitor/

2-26) C. F. Lynn, J. Parson, M. C. Scott, S. E. Calico, J. C. Dicknes, A. A. Neuber, J. Mankowski, "Anode Materials for High-Average-Power Operation in Vacuum at Gigawatt Instantaneous Power Levels," IEEE Transactions on Electron Devices, 2015.

2-27) J. Zhang, D. Zhang, Y. Fan, J. He, X. Ge, X. Zhang, J. Ju, T. Xun, "Progress in narrowband high-power microwave sources," Physics of Plasmas, 2020.

2-28) C. Miller, "Breaking Down Dielectric Breakdown," https://www.holepop.com/breaking-dielectric-breakdown/

2-29) パスタナック社、https://www.pasternack.jp/%E6%A8%99%E6%BA%96%E3%82%B2%E3%82%A4%E3%83%B3%E3%83%9B%E3%83%BC%E3%83%B3-%E5%B0%8E%E6%B3%A2%E7%AE%A1%E3%82%B5%E3%82%A4%E3%82%BA-wr430-10-db-%E-3%82%B2%E3%82%A4%E3%83%B3-n-%E3%83%A1%E3%82%B9-pe9864-nf-10-p.aspx

2-30) サーキットデザイン、https://www.circuitdesign.jp/technical/antenna-s/#%E3%82%A2%E3%83%B3%E3%83%86%E3%83%8A%E3%81%AE%E7%A8%AE%E9%A1%9E

2-31) https://www.globalsecurity.org/military/systems/munitions/hpm.htm

2-32) https://www.survivalplus.com/selected/E-Bombs-Part-3-of-4.htm

2-33) https://www.nbcnews.com/news/north-korea/microwave-weapon-could-fry-north-korean-missile-controls-say-experts-n825361

2-34) http://www.thedrive.com/the-war-zone/16821/could-microwave-cruise-missiles-or-f-35s-really-take-out-north-korean-ballistic-missiles

2-35) P. V. Pry, "RUSSIA: EMP THREAT," EMP Task Force on National and Homeland Security, 2021.

2-36) P. V. Pry, "CHINA: EMP THREAT," EMP Task Force on National and Homeland Security, 2020.

2-37) https://defence.pk/pdf/threads/indo-israeli-standoff-emp-emitting-missile-dew-forsead-to-enter-serial-production-this-year.378031/

2 -38) S. Mumtaz, E. H. Choi, "An Efficient Vircator With High Output Power and Less Drifting Electron Loss by Forming Multivirtual Cathodes," IEEE Electron Device Letters, 2022.

2 -39) "Revolutionizing the Future of Naval Warfare with Electromagnetic Railgun Development," BAE Systems, 1/7/2013. ［オンライン］. Available: https://www. baesystems.com/en/article/revolutionizing-the-future-of-naval-warfare-with-electromagnetic-railgun-development.

2 -40) "Railgun Weapon Systems," General Atomics, ［オンライン］. Available: https:// www.ga.com/railgun-weapon-systems.

2 -41) "Laser and electromagnetic technologies," French-German Research Institute of Saint-Louis, ［オンライン］. Available: https://www.isl.eu/en/research/laser-and-electromagnetic-technologies.

2 -42) Gabriel Honrada, "China's railgun tech on a surprising fast track," Asia Times, 21/2/2022. ［オンライン］. Available: https://asiatimes.com/2022/02/chinas-railgun-tech-on-a-surprising-fast-track/.

2 -43) "Russia continues R&D work on electromagnetic railgun," Navy Recognition, 23/1/2018. ［オンライン］. Available: https://www.navyrecognition.com/index.php/ naval-news/naval-news-archive/2018/january-2018-navy-naval-defense-news/5880-russia-continues-r-d-work-on-electromagnetic-railgun.html.

2 -44) "Aselsan Tufan railgun weapon system turret Turkey IDEF 10905174," Army Recognition, 9/5/2017. ［オンライン］. Available: https://www.armyrecognition.com/ idef_2017_online_show_daily_news/aselsan_tufan_railgun_weapon_system_turret_ turkey_idef_10905174.html.

2 -45) Albert W. Horst, "A Brief Journey Through the History of Gun Propulsion," ARMY RESEARCH LABORATORY, ARL-TR-3671, 2005.

2 -46) Charles Q Cutchaw and Leland Ness, "Jane's AMMUNITION HANDBOOK 2002-2003 DM53," Jane's Information Group, p.226, 2002.

2 -47) 矢守章、"電磁飛翔体加速装置開発の歩み―（Ⅰ）"、宇宙科学研究所報告、第117号、2001.

2 -48) R. S. Damse and Amarjit Singh, "Advanced Concepts of the Propulsion System for the Futuristic Gun Ammunition," Defence Science Journal, vol.53, no.4, pp.341-350, 2003.

2 -49) 笹川卓、饗庭雅之、"いろいろなリニアモーターカー"、通信ソサイエティマガジン、no.42、2017.

2 -50) 長谷川均、"リニアモーターカーの原理"、応用物理、第72巻、第5号、2003.

2 -51) Michael R. Doyle, Douglas J. Samuel, Thomas Conway, and Robert R. Klimowski, "Electromagnetic Aircraft Launch System -EMALS," IEEE Transactions on Magnetics, vol.31, no.1, pp.528-533, 1995. doi:10.1109/20.364638.

2 -52) Antonino Musolino, Marco Raugi, Rocco Rizzo, and Mauro Tucci, "Optimal

Design of EMALS Based on a Double Sided Tubular Linear Induction Motor," IEEE Transactions on Plasma Science, vol.43, no.5, pp.1326-1331, 2015. doi:10.1109/TPS.2015.2413675.

2 -53） D. Carlucci, J. Cordes, S. Morris, R. Gast, "MUZZLE EXIT (SET FORWARD) EFFECTS ON PROJECTILE DYNAMICS," Armament Research, Development and Engineering Center, ARAET-TR-06003, 2006.

2 -54） Jerald V. Parker, "Why plasma armature railguns don't work (and what can be done about it)," IEEE Transactions on Magnetics, vol.25, no.1, pp.418-424, 1989. doi:10.1109/20.22574.

2 -55） J. P. Barber, D. P. Bauer, K. Jamison, J. V. Parker, F. Stefani, and A. Zielinski, "A Survey of Armature Transition Mechanisms," IEEE Transsactions on Magnetics, vol.39, no.1, 2003. doi:10.1109/TMAG.2002.805913.

2 -56）"令和 3 年度 政策評価書（事前の事業評価）"、防衛装備庁、［オンライン］. Available：https://www.mod.go.jp/j/approach/hyouka/seisaku/2021/pdf/jizen_04_honbun.pdf.

3 - 1 ） https://baomoi.com/viet-nam-co-the-xuat-khau-sung-chong-tang-b41-cho-philippines/c/23824870.epi

3 - 2 ） https://defense-update.com/20040329_drozd-2.html

3 - 3 ） 桐本哲郎、"自動車レーダの基礎"、2007 Microwave Workshop & Exibition、2007年11月.

3 - 4 ） https://zhuanlan.zhihu.com/p/28494091

3 - 5 ） http://fofanov.armor.kiev.ua/Tanks/EQP/arena.html

3 - 6 ） https://www.ads-protection.org/

3 - 7 ） http://www.army-guide.com/eng/product4950.html

3 - 8 ） https://www.rafael.co.il/worlds/land/trophy-aps/

3 - 9 ） https://www.thefirearmblog.com/blog/2008/11/20/rpg-30-unveiled-the-m1-abrams-killer/

3 -10） 防衛技術ジャーナル 2018年7月号「防衛装備庁の研究紹介2018（PART-6）軽量戦闘車両システムの研究」佐藤祐司 著.

3 -11） https://ndiastorage.blob.core.usgovcloudapi.net/ndia/2005/garm/wednesday/schirding.pdf

3 -12） https://ndiastorage.blob.core.usgovcloudapi.net/ndia/2012/armaments/Tuesday14105ewert.pdf

3 -13） http://armscom.net/products/120mm_he_m3m_120mm_ammunition_for_nato_guns

3 -14） https://www.northropgrumman.com/Capabilities/LargeCalAmmunition/Documents/M830A1HEATMPT.pdf

3 -15） Cannnon L, Behind armor blunt trauma-an emerging problem, J R Army Med Corps147 (1), 87-96. 2001.

3 -16） Soden A, Rocksen D, Riddez L, Davidsson J, Persson JK, Gryth D, Bursell J,

Arborelius UP, Trauma attenuating backing improves protection against behind armor blunt trauma, J Trauma 67 （6）, 1191-1199, 2009.

3-17） Zhang B, Huang Y, Su Z, Wang S, Wang S, Wang J, Wang A, Lai X, Neurological, functional, and biomechanical characteristics after high-velocity behind armor blunt trauma 71 （6）, 1680-1688, 2011.

3-18） Office of Law Enforcement Standards, National Institute of Standards and Technology, US National Institute of Justice, Ballistic Resistance of Body Armor NIJ Standard-0101. 06, 2008 https://www.ncjrs.gov/pdffiles1/nij/223054.pdf

3-19） Hanlon E, Gllich P, Origin od the 44-mm behind-armor blunt trauma standard, Mil Med 177 （3） 333-9, 2012.

3-20） LeRoy WM, Russell NP, Earl MJ, A Method for Determining Backface Signatures of Soft Body Armors, Edgewood Arsenal Technical Report EB-TR-75029, 1975 http://oai.dtic.mil/oai/oai?verb=getRecord&metadataPrefix=html&identifier=ADA012797

3-21） 藤田真敬、徳野慎一、石原雅之、大野友則、耐弾時鈍的外傷と次世代防弾チョッキ、防衛衛生 57 （9） 151～155、2010.

3-22） M. Bolduc and B. Anctil, Improved Test Methods for Better Protection, a BABT Protocol Proposal for STANAG 2920, Personal Armor Systems Symposium （PASS）, Quebec City, QC, 13-17 September 2010.

3-23） 日本外傷学会、財団法人日本自動車研究所、AIS90 Updata 98日本語対訳版 （2003）.

3-24） Cynthia Bir, PhD, and David C. Viano, MD, PhD, Design and Injury Assessment Criteria for Blunt Ballistic Impacts, J Trauma. 2004; 57: 1218-1224.

3-25） 阪本雅行、石野貴之、塚田佑貴、藤井圭介、"人員防護解析技術の研究"、防衛装備庁技術シンポジウム2018、https://www.mod.go.jp/atla/research/ats2018/img/ats2018_summary.pdf

4-1） 渡邉嵩智、國方貴光、「遠隔操縦作業車両システムの性能確認試験」、第19回 計測自動制御学会 システムインテグレーション部門講演会.

4-2） 日本ロボット学会東日本大震災関連委員会原子力関係記録作成分科会、原子力ロボット記録と提言」2014.10.1.

4-3） 友納正裕、「SLAM入門」、オーム社.

4-4） 友納正裕、「移動ロボットの環境認識—地図構築と自己位置推定」、システム／制御／情報、Vol.60、No.12.

4-5） 鈴木淳、藤崎昭孝、「自動車の安全運転を可能にするセンシング技術」、東芝レビューVol.73 No.6.

4-6） 松ヶ谷和沖、「自動運転を支えるセンシング技術」、DENSO TECHNICAL REVIEW Vol.21 2016.

4-7） J. Dathan "Explosive Violence Monitor 2018", pp.27-28, Action on Armed Violence （AOAV）, May 2019.（https://aoav.org.uk/wp-content/uploads/2019/05/Explosive-Violence-Monitor-2018-v5.pdf）

4-8） 防衛生産委員会特報 第287号 既製爆発装置 （IED） の探知・処理技術に関する調査、

第3章 即製爆発装置（IED）の探知・識別技術、一般社団法人 日本経済団体連合会（2015.2）.

4-9) 防衛生産委員会特報 第287号 既製爆発装置（IED）の探知・処理技術に関する調査、第4章 即製爆発装置（IED）の不活性化技術、一般社団法人 日本経済団体連合会（2015.2）.

4-10) "RE70 M3 Plus – Chemring Technology Solutions", https://www.chemring.co.uk/what-we-do/sensors-and-information/counter-explosive-hazard/explosive-ordnance-disposal

4-11) 防衛装備庁 外部評価委員会 分野別の評価結果 https://www.mod.go.jp/atla/research/gaibuhyouka/gaiyo-bunya.html#CounterIED

4-12) 防衛装備庁技術シンポジウム2018、発表要旨、P.7, https://www.mod.go.jp/atla/research/ats2018/img/ats2018_summary.pdf

4-13) T. Kimata, et al. "Detection of the buried landmine/projectile using LS-band FLGPR vehicle", Proc. of SPIE, 110121 (2019) 11012A.

4-14) A. Buck, et al. "Target Detection in High-Resolution 3D Radar Imagery", Proc. of SPIE, 10182 (2017) 10182G.

4-15) T. Ton, et al. "The NVESD Templar radar: Results from the initial data collection", Proc. Of SPIE, 11408 (2020) 1140816-1. https://doi.org/10.1117/12.2566084

4-16) T. Ton, et al. "ALARIC Forward-Looking Ground Penetrating Radar system with standoff capability", Proc. of 2010 IEEE International Conference on Wireless Information Technology and systems, https://ieeexplore.ieee.org/document/5611911

4-17) S. Bishop, et al. "High-bandwidth acoustic detection system（HBADS）for stripmap synthetic aperture acoustic imaging of canonical ground targets using airborne sound and a 16 element receiving array", Proc. of SPIE, 10628 (2018) 106281J.

4-18) https://www.army-technology.com/contractors/engineering/wfel/

4-19) https://www.army-technology.com/products/rapidly-emplaced-bridge-system-rebs/#general-dynamics-european-land-systems-wheel

4-20) CNIM, "PFM Motorized Floating Bridge", https://cnim.com/en/businesses/defense-security-and-digital-intelligence/motorized-floating-bridge-pfm

4-21) https://cnim.com/pont-flottant-motorise-renove-la-solution-aux-besoins-de-franchissement-tactique

4-22) https://cnim.com/activites/defense-securite-et-intelligence-numerique/pont-flottant-motorise-pfm

4-23) Jane's Land Warfare Platforms, Logistics, Support & Unmanned 2018-2019 https://www.army-technology.com/projects/m3amphibiousbridging

4-24) Jane's Land Warfare Platforms, Logistics, Support & Unmanned 2018-2019 https://www.armyrecognition.com/turkey_turkish_army_wheeled_armoured_vehicles_uk/aaab_samur_armored_amphibious_assault_bridge_fnss_technical_data_sheet_specifications_pictures_video.html

4-25) Proceedings of the 8th International Conference on Structural Dynamics,

EURODYN 2011Leuven, Belgium, 4-6 July 2011 G. De Roeck, G. Degrande, G. Lombaert, G. Müller (eds.) ISBN 978-90-760-1931-4.

4 -26) 鈴木洋史　他、「将来軽量橋梁構成要素の研究試作」、防衛装備庁技術シンポジウム 2018発表要旨、2018.11.

4 -27) 合田良實、"耐波工学 港湾・海岸構造物の耐波設計"、pp.14-18、鹿島出版会、2008年 6 月.

4 -28) https://commons.wikimedia.org/wiki/File:Navy_Elevated_Causeway_System.jpg

4 -29) "Whatever Floats Your Tank: the USN's Improved Navy Lighterage System", Defense Industry Daily, Sep.09.2013. https://www.defenseindustrydaily.com/whatever-floats-your-tank-the-usns-improved-navy-lighterage-system-02251/

4 -30) https://www.gsglobalresources.com/market/modular-causeway-system/

4 -31) https://www.erdc.usace.army.mil/Media/Fact-Sheets/Fact-Sheet-Article-View/Article/476717/lightweight-modular-causeway-system/, Nov.21.2012

4 -32) https://alu.army.mil/alog/issues/marapr09/expidition_log.html

4 -33) TECHNICAL MANUAL OPERATORS MANUAL FOR MODULAR CAUSEWAY SYSTEM (MCS) ROLL-ON/ROLL-OFF DISCHARGE FACILITY (RRDF) RRDF-1 NSN 1945-01-473-2282.

4 -34) DoD, "Acquisition Contract Award and Administration for Modular Causeway Systems (D-2005-021)", Nov.22, 2004　https://media.defense.gov/2004/Nov/22/2001712761/-1/-1/1/05-021.pdf

4 -35) https://www.lakeshoresys.com/marine-and-defense/modular-causeway-system/

4 -36) https://concretecivil.com/lightweight-modular-causeway-system-lmcs-for-floating-bridges/, Nov.17.2019.

4 -37) https://www.erdc.usace.army.mil/Media/News-Stories/Article/497461/erdcs-lightweight-modular-caus/, Sep.16.2014

4 -38) Joint Logistics, 2019, 米国統合参謀本部.

4 -39) シーベーシング揚陸支援概要：シーベーシング、2012年 5 月、海幹校戦略研究.

〈防衛技術選書〉兵器と防衛技術シリーズⅢ③
陸上装備技術の最先端

2024年3月19日　初版　第1刷発行

編　者　　防衛技術ジャーナル編集部
発行所　　一般財団法人 防衛技術協会
　　　　　東京都文京区本郷3－23－14　ショウエイビル9F（〒113-0033）
　　　　　電　話　03－5941－7620
　　　　　FAX　03－5941－7651
　　　　　URL　http://www.defense-tech.or.jp
　　　　　E-mail　dt.journal@defense-tech.or.jp
印刷・製本　ヨシダ印刷株式会社